CARMEN GEISS | ROBERT GEISS

mit Andreas Hock

Von nix
kommt nix

Voll auf Erfolgskurs
mit den Geissens

WILHELM HEYNE VERLAG
München

Verlagsgruppe Random House FSC® N001967
Das für dieses Buch verwendete FSC®-zertifizierte Papier
Holmen Book Cream liefert Holmen Paper, Hallstavik, Schweden.

2. Auflage
Originalausgabe 06/2013

© 2013 by Wilhelm Heyne Verlag, München,
in der Verlagsgruppe Random House GmbH
Umschlaggestaltung: Hauptmann & Kompanie
Werbeagentur, Zürich
Umschlagfoto: © RTL II/Sonja Calvert
Satz: EDV-Fotosatz Huber /Verlagsservice G. Pfeifer, Germering
Druck und Bindung: GGP Media GmbH, Pößneck
Printed in Germany 2013
ISBN: 978-3-453-68010-4

www.heyne.de

»Ohne Carmen hätte ich all das
sicher nicht geschafft.
Aber ohne meinen eisernen Willen
auch nicht.«

Inhalt

Vorwort

Eben hat Flo angerufen, einer der Produzenten unserer Sendung. Gestern hatten wir über zwölf Prozent Marktanteil. Das sind knapp zweieinhalb Millionen Zuschauer, und das ist ein neuer Rekord! Zweieinhalb Millionen Menschen schauen sich also mittlerweile jede Woche auf RTL II eine Stunde *Die Geissens* an. Und gucken damit unser Leben. Das ist echt Wahnsinn!

Wir frühstücken gerade auf der Dachterrasse unserer Wohnung in Monaco, elfter Stock. Vor uns liegt das Mittelmeer und ein Stück weiter links – Luftlinie vielleicht einen knappen Kilometer entfernt – der Palast von Fürst Albert. N-TV meldet einen Kälteeinbruch in Deutschland. Aber hier hat es knapp zwanzig Grad, es ist kein einziges Wölkchen am Himmel. So oder sogar noch besser ist das an mindestens zweihundertfünfzig Tagen im Jahr. Das ist ehrlich gesagt auch der Hauptgrund, warum wir vor achtzehn Jahren genau hierhergekommen sind: weil es eigentlich gar nicht so weit weg ist von Deutschland, aber einfach viel öfter die Sonne scheint als in Köln oder in Hamburg oder in Berlin. Und wenn wir schlechte Laune bekommen, dann wenn's regnet!

Klar, man kann es sich zunächst natürlich nicht aussuchen, welchen Ort man vom Schicksal zugeteilt bekommt. Wenn Du irgendwo in einem einsamen Kaff in der Walachei aufwächst, dann musst Du Dir natürlich zunächst mal dort Dein Leben einrichten, so gut es geht. Aber das muss ja nicht auf ewig so bleiben! Dieses Buch soll also zumindest einen möglichen Weg aufzeigen, wie man es schaffen kann, auf die Sonnenseite zu kommen.

Eine Garantie zum Reichwerden können natürlich selbst wir nicht geben. Das kann leider keiner. Wenn das alles so einfach wäre mit dem Geldverdienen, dann gäbe es ja keine Probleme mehr auf der Welt. Dann hätten wir alle ein gepflegtes Ferienhäuschen an der Küste, ein paar schicke Schlitten in der Garage und vor allem keine Sorgen mehr wegen der Miete oder der kaputten Waschmaschine. Um es ganz nach oben zu schaffen, gehört neben einem guten Näschen und einer gehörigen Portion Mut natürlich auch jede Menge Glück dazu. Aber manchmal ist es eben auch so, dass man das Glück erzwingen muss. Sonst bleibt man sein ganzes Leben lang im Regen stehen.

Was wir Euch auf jeden Fall mit auf den Weg geben wollen ist, dass es keine Rolle spielt, wo Ihr herkommt, was Ihr seid und welchen Abschluss Ihr in der Tasche habt! Wenn Ihr Euch nicht in Euer Schicksal fügt, sondern es selbst in die Hand nehmt, dann kann alles klappen. Denn von nix kommt nix! Und wie das bei uns funktioniert hat und was Ihr daraus vielleicht für Lehren ziehen könnt, das wollen wir jetzt einfach mal erzählen.

1. »Gib Dich nicht mit dem zufrieden, was Du erreicht hast« –
Robert

Das Leben hier unten an der Côte d'Azur hat – außer dem schon erwähnten Wetter – noch einen entscheidenden Vorteil: Du siehst immer Menschen, die noch mehr auf der Kante haben als Du! Deshalb macht es auch nur bedingt Spaß, den ganzen Tag auf der faulen Haut zu liegen. Vielmehr kribbelt es mich jedes Mal in den Fingern, wenn ich sehe, dass man mit der ein oder anderen kleinen Idee ein gutes Geschäft machen kann. Natürlich müsste ich das nicht. Ich könnte den ganzen Tag auf einer unserer Terrassen liegen und mir die Sonne ins Gesicht scheinen lassen. Das ist auch ein paar Wochen lang ganz nett. Auf Dauer jedoch verbrutzelt Dir das nur die Birne.

Ich bin in meinem Leben ein paar Mal an den Punkt gekommen, an dem ich es hätte gut sein lassen können. Von einigen dieser Situationen werde ich Euch natürlich noch erzählen. Spätestens nach dem Verkauf von »Uncle Sam« wäre ein dicker Strich unter meinem Dasein als Geschäftsmann kein Problem gewesen. Aber wer will schon mit neunundzwanzig in Rente gehen? Glaubt mir: So verlockend sich das zunächst anhört, ist das ganz bestimmt nicht.

Deshalb war für mich klar, dass ich mir auf Sicht irgendein anderes Betätigungsfeld suchen muss, nachdem ich im Jahr 1995 aus dem Klamotten-Business ausgestiegen bin. Was eigentlich schade war. So lukrativ ist nämlich kaum ein anderer Geschäftszweig. Eigentlich kurios, wie sich das bei mir überhaupt ergeben hat ...

Meine ersten Schritte auf dem langen Weg zum Mega-Seller in der Textilbranche machte ich mehr oder weniger zufällig. Und zwar während einer Dienstreise mit meinem Vater. Er führte gemeinsam mit meinem Onkel einen Betrieb für Schaustellerbedarf, Fest- und Karnevalsartikel in Köln. Von daher brauchte er immer irgendwelchen Nippes, den er auch und vor allem aus Asien importierte. Wir unterhielten also schon Handelsbeziehungen zu China, da war das Reich der Mitte bei den meisten deutschen Großkonzernen noch gar nicht auf der Landkarte!

Jedenfalls nahm mich mein alter Herr eines schönen Tages zum ersten Mal mit auf die Kanton-Messe. Diese riesige Ausstellung war – und ist glaube ich auch heute noch – die größte Import- und Exportmesse Chinas. Zur damaligen Zeit war sie praktisch die einzige Messe, auf der ausländische Handelskontakte überhaupt zugelassen waren. Knapp fünfzehntausend Firmen boten dort ihre Waren an.

Heute düst man da ganz locker mit dem A 380 in zehn Stunden hin. Vor fast dreißig Jahren aber, als ich mit Papa erstmals dort war, mussten wir schon im Vorfeld einen enormen Aufwand betreiben! Wir brauchten ein Visum vom Konsulat und jeder von uns gleich zwei gültige Pässe. Vor allem aber waren wir gut und gerne zwei Tage unterwegs. Von Frankfurt ging's zuerst mal nach Bangkok. Nach einer stundenlangen, ätzenden Prozedur, bei der wir einen unserer Ausweise abgeben mussten, flogen wir weiter nach Hongkong. Dort hieß es wieder warten, bis dann die letzte Etappe nach Guangzhou führte, wie Kanton in China offiziell heißt.

Dieser Teilflug mit Air China, die von meinem Vater seinerzeit nur »Nevercomeback Airline« genannt wurde, war jenseits aller europäischen Sicherheitsbestimmungen. Es gab keine Gurte, keine Ansagen auf Englisch, und die Maschine klapperte an allen Ecken und Enden. Mir war nicht wohl bei der Sache. Womöglich ist ein Teil meiner Vorbehalte gegenüber Flugzeugen aller Art diesem Erlebnis geschuldet. Immerhin kamen wir lebend an. Doch auch der Flughafen von Guangzhou entsprach nicht dem, was man aus Europa gewohnt war: Er bestand vorwiegend aus notdürftig zusammen gezimmerten Bambusstangen. Es war wirklich extrem abenteuerlich!

Wir blieben zwei Wochen drüben. Die Tage auf der Messe waren für mich ein echter Kulturschock! In und zwischen den Hallen wuselten zehntausende Menschen herum. Überall herrschte riesiges Gedränge und lautstarkes Gefeilsche. Es gab fast nichts, was es nicht gab: Von Plüschtieren bis hin zu Möbeln, von Nagelfeilen bis zu Fahrrädern, von Feuerwerkskörpern bis zu Ölbildern konnte man alles kaufen – und zwar wie in Asien üblich vorwiegend im ganz großen Stil.

Mein Vater verhandelte hart, da ging es um jeden Yuan. Jeden Abend musste er mit irgendwelchen chinesischen Geschäftsleuten zum Essen. Ich durfte mit. Was wir da alles vorgesetzt bekamen, will ich im Nachhinein gar nicht mehr wissen. Hund und Schlange waren da mit Sicherheit dabei. Dazu gab's viel Reiswein und ein bisschen Tee! Diese sonderbaren Gelage gingen bis tief in die Nacht. Wir waren fix und alle. Deshalb war ich auch heilfroh, als mein Vater mit seiner Einkaufstour durch war, die uns zwischendrin sogar noch für einen Abstecher nach Taiwan brachte, wo einer seiner größten Handelspartner seinen Sitz hatte.

Am letzten Tag streiften wir noch ein bisschen über das Gelände, als mir ein Stand auffiel, der Schuhe verkaufte. Die meisten Teile, die man dort ausgestellt hatte, waren nicht der Rede wert. Aber es gab auch ein Modell, das ich in dieser Form so noch nie zuvor gesehen hatte.

Zuerst mal bemerkte ich, dass die Dingerchen federleicht waren, weil sie aus reinem Leinen bestanden. Die Sohle war nicht aus Gummi oder Leder wie sonst üblich, sondern aus gepressten Pflanzenfasern. Das Beste war: Es gab sie in allen erdenklichen Farben. Der Verkäufer erklärte uns, dass es sich um »Espadrilles« handelt, einen traditionellen Sommerschuh, der eigentlich aus Spanien stammte und den die cleveren Chinesen schon kopiert hatten, bevor die Teile bei uns in Mitteleuropa überhaupt bekannt wurden.

Wir fragten nach dem Preis. Ein Paar sollte knapp achtzig Pfennig kosten. Allerdings nur bei einer Abnahme von hundertzwanzigtausend Stück. Das war natürlich ein Brett! Mein Vater und ich sahen uns an. Wir berieten uns kurz, waren uns aber schnell einig: Das hatte zwar mit Schaustellerbedarf nix zu tun. Doch mit den Schlappen ließ sich ganz sicher im nächsten Sommer ein gutes Geschäft machen. Wir handelten den Händler auf sechzig Pfennig runter und bestellten hundertzwanzigtausend Paare – in den fünf Farben Schwarz, Weiß, Gelb, Pink, Rot und natürlich in verschiedenen Größen, für Damen und Herren. Und weil es gerade so gut lief, bestellten wir auch noch eine Ladung von fünftausend bonbonbunten Jogging-Anzügen, von denen einer zwar immerhin achtzehn Mark kostete, die aber wirklich eine erstaunlich gute Qualität aufwiesen. Einige Wochen später sollten die beiden Container in Deutschland ankommen.

Der Chinese hielt Wort. Die Espadrilles und die Trainingsklamotten wurden wie vereinbart nach Hamburg geschippert. Unterdessen hatten die ersten Mode-Magazine schon über den neuen Schuh-Trend aus Spanien berichtet. Wir waren tatsächlich einer der Vorreiter! Natürlich konnten wir die Schuhe nicht auf dem Rummelplatz verschachern. Aber mir fiel in der Arbeit eine Zeitschrift in die Hände, die *Zentralmarkt* hieß. Das war ein Fachblatt für Einzelhändler aller Art. Ich platzierte für ein paar hundert Mark eine Annonce mit dem Wortlaut:

»Espadrilles zu verkaufen, sortiert in fünf Farben, verschiedenste Größen, Mindestabnahme: hundert Paar.«

Logischerweise konnte man mit einem solchen Produkt keine Millionen verdienen, denn uns war klar: Beim ersten Regenschauer würde sich die Pflanzensohle definitiv in Wohlgefallen auflösen. Aber wir verlangten je nach Abnahmemenge ja auch nur zwischen 1,50 und 2,25 Mark. Die Händler konnten dadurch ihrerseits eine schöne Spanne draufrechnen. Und der Endkunde bekam für immer noch relativ wenig Geld, vielleicht zehn, fünfzehn Mark, ein Paar Schuhe, die zumindest eine Saison lang halten würden.

Es kam wie gewünscht: Die Treter gingen weg wie warme Semmeln. Nach wenigen Wochen war alles abverkauft. Mein Vater und mein Onkel freuten sich über eine knapp sechsstellige Zusatzeinnahme. Für mich gab's eine kleine Provision in Höhe von tausend Mark.

Dieses Erlebnis war die Basis für zwei spätere Grundsatz-Entscheidungen: Zum einen wollte ich unbedingt selbstständig werden. Natürlich war diese Provision für mich als Teenager und Lehrling ein schönes

Zubrot. Allerdings sah ich auch, was insgesamt für die Firma hängenblieb, welche Spannen hier möglich waren. Deshalb hatte ich zum anderen ab diesem Zeitpunkt die Modebranche immer irgendwo im Hinterkopf.

»Learning by doing, so hab ich das eigentlich in meinem ganzen Leben gemacht.«

Ein kleines Beispiel: Für »Uncle Sam« ließen wir viele Jahre später in der Türkei unsere Trainingshosen für siebzehn bis neunzehn Mark produzieren. Das war gemessen an der Konkurrenz relativ viel, aber ich wollte auch keinen Ramsch verticken. Verkauft haben wir das Ding dann – je nach Abnahmemenge – ab neununddreißig Mark. Das war logischerweise auch gutes Geld, aber ein moderater Aufschlag im Vergleich zu dem, was manche Designerstücke aus im Grunde denselben Fabriken am Ende kosteten. Schlussendlich hing die Hose dann für bis zu neunundachtzig Mark im Laden oder im Fitnessstudio. So konnten alle Beteiligten davon passabel leben – einschließlich unserer Produzenten in Istanbul.

Das funktionierte hauptsächlich deshalb so gut, weil es sich um ein Produkt handelte, das es in dieser Form sonst nicht gab. In unserem Fall hat das außergewöhnliche Design und vielleicht auch unser »Uncle Sam«-Image eine große Rolle gespielt. Eine mausgraue Jogginghose ohne Aufdruck hätte ich sicherlich nicht zu diesem Preis verkaufen können. Aber nachdem heutzutage das Meiste aus Niedriglohnländern wie Bangladesch oder Indien kommt, bleibt auch bei diesem Kram noch genug hängen – selbst beim Discounter.

Wie auch immer: Seit dieser ersten beruflichen Reise meines Lebens war und bin ich auf der Suche nach interessanten Geschäftsfeldern. Allerdings nicht gezielt. Sondern eher, indem ich bestimmte Entwicklungen beobachte – und daraus die richtigen Schlussfolgerungen ziehe. So ähnlich, wie ich damals mehr oder minder durch Zufall auf die Idee mit den Klamotten gekommen bin, war das auch zwanzig Jahre später mit den Häusern hier in Südfrankreich.

Dabei wären wir seinerzeit um ein Haar auf Mallorca gelandet. Wir hatten nämlich bei einem Kurzurlaub ein schönes Häuschen in Son Vida entdeckt. Der Preis war ausgehandelt, der Vertrag unterschriftsreif. Doch der Makler bekam den Hals nicht voll genug. Irgendjemand hatte ihm wohl erzählt, dass ich gerade in Begriff war, meine Firma zu verkaufen. Und auf einmal sollte das Haus ein Drittel mehr kosten als ausgemacht. Da war die Sache natürlich erledigt. Wer mich bescheißen möchte, der sieht mich nie wieder.

Also sollte es die Côte d'Azur sein. Nach dem Abschied von »Uncle Sam« bezogen Carmen und ich eine Wohnung in Monaco und kauften uns parallel dazu ein Haus in St. Paul de Vence, einem sehr schönen Städtchen ein paar Kilometer außerhalb von Nizza. Wie das alles genau vonstattenging, dazu kommen wir noch. Auf alle Fälle nahmen wir uns ein paar Wochen Zeit und richteten uns das Haus genauso ein, wie wir es uns immer vorstellten. Es sollte unsere Zufluchtsstätte für die nächsten Jahre sein, wenn uns die Bude in Monaco am Wochenende zu eng wurde. Wir haben uns dort sehr wohl gefühlt, gleich mal einen großen Teich angelegt und einen Tennisplatz gebaut. Eigentlich spielte von uns gar keiner richtig Tennis, aber das machte nichts. Der Garten war einfach groß genug. Alles wurde schließlich so, wie wir uns das vorstellten. Und was einem selbst sehr gut gefällt, das will man auch vorzeigen. Daher schmissen wir nach dem Einzug die eine oder andere Grillfeier für unsere neuen Bekannten aus Monaco. Diese Partys in St. Paul waren im Grunde unser Entree in die Society.

An einem dieser fröhlichen Barbecues erzählte uns ein Makler im Vertrauen von einer riesigen Villa in Cannes, deren Besitzer den Offenbacher gemacht hatte – also insolvent ging. Das musste ich mir mal ansehen. Auf den ersten Blick sah man schon, dass der Eigentümer pleite war: Das Haus war total runter, überall bröckelte der Putz von der Wand! Aber auf den zweiten Blick war das Gebäude ein wahres Schatzkästchen mit sechshundert Quadratmetern Wohnfläche. Auch wenn hier noch eine Menge Arbeit vor mir lag – zu diesem Preis, der hier aufgerufen wurde, musste ich einfach zuschlagen! Vor allem, weil zu dem Anwesen sage und schreibe sechzehn Auto-Stellplätze mit eigener Waschbox gehörten. Wer kann dazu schon Nein sagen?

Ich erwarb also das in jedem Winkel renovierungsbedürftige Objekt. Und besaß damit in der folgenden Zeit keine Villa, sondern die größte Baustelle weit und breit. Wir mussten alle Räume entkernen und erweiterten sie durch Anbauten nach und nach auf die vierfache Fläche. Allein die neue Küche hatte achtzig Quadratmeter, die war größer als die meisten Restaurants in Cannes! Wir ließen auch zwei Schwimmbäder einbauen, eins draußen und eins drinnen – falls es mal regnen sollte. Klar, dass das alles schon in der Bauphase eine Menge Aufsehen in der Gegend erregte. Mir dagegen machte es einfach nur Spaß, etwas Großes entstehen zu sehen.

Knapp zwei Jahre nach unserem sonnigen Start in unser neues Leben wurde uns jedoch in St. Paul ein bisschen langweilig, und wir verkauften das Haus kurzerhand mit einem anständigen Gewinn weiter. Von dem Geld erwarben wir eine neue Immobilie in Ramatuelle etwa fünfzig Kilometer weiter westlich. Parallel dazu entwickelte sich das Ding in Cannes zum echten Märchenschloss, in dem sich Carmen schon als Rapunzel reloaded sah.

Irgendwann, nach ein paar weiteren Jahren zwischen Monaco, Ramatuelle und Cannes, klopfte plötzlich ein berühmter Formel 1-Fahrer an die Tür. Wir hatten ihn einige Zeit vorher kennen- und schätzen gelernt, und seine Frau hatte sich in unser Anwesen in Ramatuelle verliebt. Tja, und wenn sich so eine Rennfahrergattin etwas in den Kopf gesetzt hatte, dann konnte man sie nur schwer davon abbringen. Also verkaufte ich auch dieses Haus, natürlich wieder mit einem kleinen Aufschlag. Wir hatten in dieses Objekt schließlich viel Liebe reingesteckt. Außerdem wusste ich ungefähr, wie viel der junge Mann von seinem Rennstall überwiesen bekam. Da brauchte ich kein schlechtes Gewissen zu haben.

Als ich diesen Vertrag unterschrieb, ratterte mein Kleinhirn auf Hochtouren. Daraus ließ sich doch ein eigenes, ganz neues Business aufziehen. Gerade mit meinen Kontakten. Und gerade an dieser Küste, an die es naturgemäß ziemlich viele Menschen mit ziemlich viel Kohle zieht! Die meisten von denen – egal, ob nun Rennfahrer, Unternehmer, Oligarch oder Ölscheich – sind sowieso viel zu bequem, um komplizierte Skizzen von Grundrissen zu studieren oder sich mit Fliesenlegern und Klempnern herumzuärgern. Die wollen einfach eine fix und fertig eingerichtete Nobel-Villa mit allem Drum und Dran. Ich dagegen war mir nie zu schade, mich zur Not selbst auf den Bagger zu setzen, um etwa eine alte Begrenzungsmauer platt zu machen.

Also suchte ich immer wieder neue Objekte. Manche davon waren leerstehende Ruinen, manche musste ich von Grund auf sanieren, manche habe ich ganz neu gebaut. Es machte jedes Mal einen Mega-Spaß, alles nach unserem Geschmack auszustatten, mit viel Marmor, dunklem Holz oder Granit. Carmen mit ihrem Sinn für geschmackvolle Deko gab dabei eine prima Innenarchitektin ab. Ich kümmerte mich lieber um die technische Ausstattung. Bei mir hingen schon Flat Screens an den Wänden, da gab es die Dinger noch gar nicht in Serienfertigung. Meine Meerblick-Terrasse auf einer hydraulischen Hebebühne ist inzwischen wahrscheinlich genauso legendär wie der Aufzug in Carmens Ankleidezimmer. Und von unserer Profi-Küche in der »Villa Geissini« war selbst Star-Koch Andi Schweiger begeistert. Derartige Gimmicks zu planen und umzusetzen – das hat mir immer schon eine tierische Freude bereitet!

Wenn uns ein Haus während der Bauphase besonders ans Herz gewachsen war, zogen wir eine Zeitlang kurzerhand selber ein. Zum Teil allerdings nur vier Wochen lang: In Saint Tropez zum Beispiel hat uns ein Russe nach nicht mal dreißig Tagen unsere wunderschöne Hütte mitten im Park praktisch unter dem Hintern weggekauft. Es war zwar jedes Mal schade, wenn wir uns wieder von einer Immobilie verabschieden mussten, aber das Business ging natürlich vor. Dafür war die Wohnung in Monaco ja eine gewisse Konstante. Und eine Zeitlang auch unser Herrenhaus in Cannes, das wir nach dem ersten Umbau zur Sicherheit gleich noch ein zweites Mal umbauen ließen. Manchmal fallen einem gewisse Sachen eben erst auf den zweiten Blick auf. Aber stete Veränderung hält den Geist auf Trab!

Derzeit sind drei schicke Häuser in Grimaud fertig und warten auf ihre neuen Besitzer. Das kann sich leider noch ein bisschen hinziehen, weil uns die Behörden mit der Bauabnahme ein bisschen ärgern wollen. Alles nur wegen einer Mauer, die plötzlich mit Naturstein verkleidet sein soll, wovon anfangs nie die Rede war! Das ist in der Tat ein kleiner Nachteil hier im Süden: In Deutschland dauert vielleicht der ganze leidige Genehmigungskram länger. Dafür kann man sich in den meisten Fällen darauf verlassen, dass dann auch alles von A bis Z seine Ordnung hat. In anderen Gefilden, egal, ob das Frankreich ist, Spanien, Italien oder Kroatien, bist Du schon mal vom Wohlwollen eines Einzelnen abhängig. Wenn dem Deine Nase nicht passt, dann hast Du ein Problem. Oder – wie ich: drei bezugsfertige Villen, die nicht bezogen werden dürfen. Aber mir wird schon was einfallen.

***

Natürlich weiß ich auch, dass eine gute Idee alleine oft nicht ausreicht. Wäre auf meinem Konto Ebbe gewesen, hätte ich noch so überzeugend in der Bank auftreten können – ich hätte keinen einzigen Cent für ein Grundstück in der ersten Reihe von Saint Tropez bekommen, selbst mit zehn potenziellen Abnehmern an der Hand. Trotzdem will ich Euch als ersten Tipp mitgeben, sich nie auf seinen Lorbeeren auszuruhen. Wer zu schnell zufrieden ist, der läuft Gefahr, alles zu verlieren. Es ist im Leben wie beim Fußball: Natürlich kannst Du ein Spiel auch mal eins zu null gewinnen. Aber die Gefahr, sich durch einen Fehler hinten eine Kiste einzufangen, besteht fast immer! Also lieber nicht nachlassen und versuchen, das zweite Tor zu machen. Hätte ich seinerzeit als Sohn vom Chef die Füße hochgelegt in dem Bewusstsein, irgendwann vielleicht mit meinem Bruder Michael zusammen Vaters Firma zu erben – wer weiß, wie die Geschichte dann ausgegangen wäre. Warten würden wir zumindest immer noch!

2. »Du brauchst Mut zum Risiko« –
Carmen

Darüber nachzudenken, wie alles wohl verlaufen wäre, wenn Robert und ich uns nie getroffen hätten, das mache ich eigentlich nur selten und vor allem ganz, ganz ungern. Wir beide kennen uns im Grunde genommen ja schon fast unser ganzes Leben. Zumindest kennen wir uns, seit das Leben so richtig anfing – und das war, als wir noch zwei junge und zugegebenermaßen ziemlich verrückte Teenager waren. Aber ich habe von Anfang an gespürt, dass dieser junge Kerl der perfekte Mann für mich ist. Und dass er für mich sorgen wird, weil er immer schon die richtigen Ideen zur richtigen Zeit hatte. Aber auch ich habe meinen Teil dazu beigetragen, dass sich unsere Geschichte so entwickelt hat, wie sie es in den vergangenen dreißig Jahren eben tat.

Alles hatte seinen Ursprung darin, dass ich schon seit meiner frühesten Kindheit eine begeisterte Sportlerin war. Noch heute macht es mir unheimlich Spaß, mich auszupowern, und erst neulich habe ich mich hier in Monaco zum Beispiel für einen Zumba-Kurs angemeldet. Als kleines Mädchen dagegen gehörte meine ganze Leidenschaft zunächst den Pferden. Es verging kaum ein Nachmittag, an dem ich nicht im Reitstall war. Später tanzte ich dann unheimlich gerne und am Ende sogar richtig turniermäßig. Doch nichts erfüllte mich so sehr wie meine Fitness-Karriere, die ich Ende der siebziger Jahre begann und die ich eigentlich einer damaligen Freundin zu verdanken hatte. Sie trainierte schon seit einiger Zeit in einem Fitnessstudio und schleppte mich eines schönen Tages mehr aus Langeweile heraus einfach mit hinein.

Ich war skeptisch, ob diese Art der Leibesertüchtigung für mich zartes Persönchen überhaupt das Richtige war. Schließlich waren die Studios damals keine durchgestylten Gesundheitstempel wie heute, mit modernen Geräten, einem Wellnessbereich mit Sauna und vor allem einem ansprechenden Ambiente, sondern im Grunde genommen reine Muckibuden, in denen außer Streckbänken, Hantelstangen, Gewichten und Spiegeln nichts drin war. Sie duldete jedoch keinerlei Einwände meinerseits, zeigte mir ein paar Übungen und erklärte, wofür das irgendwann einmal gut sein sollte. Mein ganzer Körper schmerzte.

Am Morgen nach dem ersten Training kam das böse Erwachen und ich konnte mich nicht mehr rühren, so sehr hatte ich Muskelkater. Mir taten Stellen an Armen und Beinen weh, von denen ich nicht einmal wusste, dass sich dort überhaupt irgendwelche Muskeln befanden. Zudem war ich eher zierlich und meilenweit davon entfernt, mich für Kraftsport oder dergleichen zu interessieren.

Das Komische aber war: Ich war trotz meiner Schmerzen irgendwie auf den Geschmack gekommen! Ich rief meine Freundin an und fragte sie, wann wir wieder hingehen würden. Und schnell wurde aus einem eigentlich einmaligen Experiment ein regelmäßiges Hobby. Das war bei mir schon immer so gewesen – wenn ich für etwas Feuer gefangen hatte, dann ganz. Halbe Sachen gab und gibt es bei mir auch heute nicht! Also stürzte ich mich volle Kanne in den neuen Sport, und schon nach kurzer Zeit fiel mein Enthusiasmus auch dem Studio-Boss auf, der nicht nur der Besitzer war, sondern auch ein erfolgreicher Boxer und überdies noch der Ehemann einer erfolgreichen Bodybuilderin. Mit seinem geschulten Blick erkannte er wohl ein gewisses Talent bei mir und nahm mich unter seine Fittiche. Nach ein paar Wochen schaffte ich bereits hundert Sit-ups am Stück. Mein Körper nahm, im wahrsten Sinne des Wortes, langsam Formen an.

Es dauerte nicht lange, und mein großer Förderer überredete mich, bei der alljährlichen »Miss Studio«-Wahl in unserem Fitnesscenter anzutreten. Ich hielt das erst für einen schlechten Scherz, denn ich hatte so etwas ja noch nie gemacht. Aber er akzeptierte meine Ausreden nicht und schmiss mich ins kalte Wasser beziehungsweise auf die provisorische Bühne.

Dort stand ich nun und hatte tierisches Lampenfieber. Die »Jury« bestand aus dem Studio-Chef und seiner Gattin. Ich zeigte also ein paar Posen, die ich inzwischen gelernt hatte. Und was soll ich sagen: Zur Überraschung aller, vor allem meiner eigenen, gewann ich tatsächlich! Ich, die Newcomerin, die das Programm erst seit vier, fünf Wochen machte, setzte mich gegen gestandene Sportlerinnen durch, die schon seit Jahren eifrig trainierten. Ich freute mich wie Bolle – und bekam schnell mit, welchen Unmut die Entscheidung der Juroren bei den etablierten Mädels ausgelöst hatte, allen voran meiner Freundin. Die machte nämlich natürlich auch bei der Wahl mit und war nicht gerade begeistert, dass ich sie hinter mir ließ, obwohl sie schon viel länger trainierte. Mit der brauchte ich jedenfalls nicht auf meinen Sieg anstoßen.

»Du bist ein echtes Talent, Carmen«, sagte mein stolzer Trainer später auf der After-Show-Party in einer Kölner Disco zu mir, während ich immer noch ganz perplex an meiner Cola nuckelte.

»Da müssen wir was draus machen!«

»Ganz oder gar nicht – halbe Sachen gibt es bei mir nicht.«

Ich wusste in dem Moment nicht genau, was er meinte, aber wir machten tatsächlich etwas draus. Und das sah so aus, dass ich mich täglich zwei, drei Stunden unter seiner Anleitung abschinden musste. Dass das nicht immer Spaß gemacht hat, wäre ganz schön untertrieben. Aber ich hatte nun ein konkretes Ziel vor Augen, auf das ich hinarbeiten konnte: sportlichen Erfolg und die entsprechende Anerkennung dafür. Erst trat ich nur bei kleineren Wettbewerben an. Dann aber wurden die Shows immer größer - und mein Trainer wurde im Gegenzug leider immer strenger. Kurz vor der sogenannten »Miss Grenzland«-Wahl kam ich fröhlich mit einer Tüte Haribo im Studio an. Das allerdings entpuppte sich als keine wirklich gute Idee, denn ich sollte in den Augen meines Drill-Instructors wohl eher Eiweiß und Wasser zu mir nehmen. Und so gab's statt einer leckeren Dosis Gummibärchen für mich zur Strafe sechshundert Sit-ups! Ab da lautete das Motto: »Süßes vor Wahlen, as gibt Qualen!«

Trotzdem zog ich das jetzt durch. Nach der »Miss Grenzland«, bei der ich inmitten von sechzig wirklich geilen Schnittchen immerhin Siebte wurde, folgten die »Miss Köln« und die »Miss Rheinland«. Und nach nichtmal einem Jahr hatte ich es geschafft: Ich wurde Zweite in der Figurklasse bei der renommierten »Miss Intercontinental«-Wahl! Das war wirklich der absolute Burner, und ich bekomme heute noch Gänsehaut, wenn ich an den Moment denke, an dem ich den Pokal überreicht bekam.

Das Dumme war nur: Außer solchen Pokalen und vielleicht noch ein paar Freigetränken auf der Party danach gab es tatsächlich nix. Zwar hatte ich mit Ausdauer und eisernem Willen in relativ kurzer Zeit das geschafft, wovon andere seit Jahren träumten. Doch irgendwie Geld verdienen konnte man damit nicht. Der angenehme Nebeneffekt des Krafttrainings war immerhin, dass ich praktisch kein Grämmelchen Fett mehr am Körper hatte. Meine Figur war ohne Übertreibung eine Bombe! Aber im Gegensatz zu so mancher Konkurrentin hatte ich immer stets penibel darauf geachtet, dass meine Weiblichkeit dabei nicht verloren ging. Ich schluckte auch niemals irgendwelche Pillen oder ähnlichen Mist. Ich fand einfach das richtige Maß, diesen Sport auszuüben.

Inzwischen hatte ich es sogar zu einer kleinen örtlichen Berühmtheit gebracht, denn aufgrund meiner Erfolge fiel ich auch dem damaligen Chefredakteur des Kölner *Express* auf, der unbedingt ein Foto-Shooting mit mir machen lassen wollte. Nach anfänglicher Skepsis willigte ich ein, und kurz darauf erschien ein Bild von mir auf der Titelseite des *Express*, wo es unter der Überschrift »Die schöne Carmen« hieß, dass ich ein »lecker Mädchen« sei, wie man bei uns sagt. Kein Wunder, dass ich mich nicht zuletzt deshalb vor Verehrern kaum retten konnte. Allerdings hatten die Herren der Schöpfung bei mir seit geraumer Zeit nicht die geringste Chance, denn ich war ja schon mit Robert zusammen, seit ich sechzehn war.

Sein Vater führte einen gut gehenden Betrieb für Festartikel und Schaustellerbedarf, in dem er als anständiger Sohn eine kaufmännische Lehre gemacht hatte. Allerdings war er nicht ganz glücklich damit, dass er irgendwann gemäß der Geiss'schen Familientradition einmal zusammen mit seinem Bruder den Betrieb übernehmen sollte. Und noch viel schlimmer fand er es, dass er sich auf der Karriereleiter noch ganz unten befand, auch und gerade finanziell gesehen. Also entwickelte der gute Robert ständig irgendwelche neuen Ideen, wie er geschäftsmäßig auf eigenen Beinen stehen konnte. Das sah meistens so aus, dass er nach Feierabend kreuz und quer durch die Gegend tingelte und mal dies und mal jenes vertickte – immer mit dem Ziel, nebenbei seinen Lohn aufzubessern, den ihm mein heutiger Schwiegerpapa Reinhold auszahlte.

Ich bewunderte schon damals, mit welcher Energie Robert die Dinge anging. Wir waren ja beide noch sehr jung, und möglicherweise hätte man beruflich zu jener Zeit auch mal ein wenig den Fuß vom Gas nehmen können. Aber er hatte mir schon zu Beginn unserer Beziehung glaubwürdig versichert, sein Leben lang für mich sorgen zu wollen. Und dieses Versprechen hat er wirklich von dem Tag ab, an dem er es gab, verdammt ernst genommen! Er wollte mir und damit uns beiden einen Lebensstil ermöglichen, der mit einem normalen Angestelltengehalt, wie er es vielleicht irgendwann einmal bei seinem Vater verdient hätte, nicht möglich gewesen wäre. Und dafür hat er, das muss man so deutlich sagen, geschuftet wie ein Pferd.

Irgendwann kam ihm nach etlichen anderen mal mehr, mal auch ein bisschen weniger erfolgreichen Versuchen, auf dem weiten Feld des Handeltreibens Fuß zu fassen, in den Sinn, es mit Klamotten zu probieren. Er hatte durch die vielfältigen Geschäfte seines Vaters und seines Onkels schnell kapiert, bei welchen Produkten die Gewinnspanne größer war – und bei welchen Sachen man sich in seinen Augen die Schinderei sparen konnte. Reinhold nahm ihn zur Belohnung für sein Engagement in der Firma bald für zwei Wochen mit nach Asien, wo es darum ging, die Produkte für das kommende Jahr zu ordern.

Robert bekam während der Messebesuche dort natürlich mit, dass in Hongkong oder Bangkok zum Beispiel nicht nur Spielwaren und dergleichen, sondern auch Schuhe, T-Shirts oder Jacken für einen Bruchteil der Summe hergestellt und verkauft wurden, für die sie hier schlussendlich im Laden hingen. Nach seiner Rückkehr spürte ich, dass er auf den Geschmack gekommen war. »Daraus muss man einfach was machen«, sagte er zu mir. »Damit kannst Du das große Geld verdienen.«

Nur: Weder er, noch ich hatten irgendwelche tiefer gehenden Erfahrungen in der Textilbranche. Robert kam im väterlichen Unternehmen zwar immer mal wieder mit einzelnen Artikeln dieser Art in Kontakt. Aber ernsthaft Ahnung, wie man ein solches Business aufziehen sollte, hatten wir natürlich nicht. Vor allem hatten wir keine Kohle, um uns zum Beispiel ein Lager leisten zu können oder gar Personal!

Obwohl er später mit dieser Klientel Millionen verdienen sollte, hatte Robert trotz meines Sports keinen Kontakt zur Bodybuilding- und Fitness-Szene. Im Gegenteil: Er fand es nicht besonders toll, was ich da machte – einerseits, weil er ein bisschen eifersüchtig war. Und andererseits, weil ich damit nichts zu unserem Lebensunterhalt beisteuern konnte.

»Du schuftest Dich jeden Tag ab, gewinnst 'ne Wahl und bekommst dafür einen Pokal und zwei Cola? Das kann's doch wirklich nicht sein«, sagte er immer wieder zu mir.

Ich ahnte, dass sich meine Karriere langsam dem Ende zuneigte, wenn ich es mir mit meinem Schatz nicht verderben wollte.

Unabhängig davon fiel uns irgendwann auf, dass einige Typen, die das Bodybuilding wirklich ernst nahmen, nicht mehr wirklich für normale Konfektionsgrößen geeignet waren. Denn wer Oberarme hat wie normale Menschen Oberschenkel und Oberschenkel wie andere vielleicht Taillenumfang, dem passt ein normales Sport-Dress aus dem Kaufhaus nicht mehr! Die Folge war, dass sich die meisten dieser Leute selbst behelfen mussten und von irgendwelchen T-Shirts und Pullovern die Arme und den Halsausschnitt auftrennten, dass sie das Zeug überhaupt anziehen konnten.

Robert hatte diesen Gedanken vielleicht schon irgendwo im Hinterkopf, war aber noch weit von einem Dasein als Sportartikelhersteller entfernt. Trotzdem machte es genau zu dieser Zeit bei ihm den entscheidenden »Klick« – und zwar in einer spanischen Boutique in Benidorm.

Dorthin war er für ein paar Tage zum Urlaub machen mit einem Kumpel gefahren, und als er zurück nach Hause kam, hatte er drei bunte Trainingsanzüge im Gepäck. Das war allerdings mehr als seltsam, denn damals wie heute legte er keinen gesteigerten Wert auf teure Klamotten, und für ihn ist Shopping wie für die meisten Männer alles andere als ein Vergnügen – ganz im Gegensatz zu mir! Es war also absolut untypisch, dass er gleich drei Teile auf einmal kaufte, zumal die Dinger nicht einmal besonders billig waren. Doch ihm ging es um das Design – und den Namen des Herstellers. Er zeigte mir das Etikett und las laut den Namen der Firma vor:

»Uncle Sam! Das klingt doch total cool, findest Du nicht?«

Mir gefiel das auch. Auf der Rückseite des Labels stand neben den üblichen Pflegehinweisen erstaunlicherweise auch noch eine Telefonnummer mit der Vorwahl Nullnulldreivier, also musste der Hersteller irgendwo aus Spanien kommen. Internet gab's ja noch lange nicht, also rief Robert noch am selben Tag einfach dort an, ließ sich zu einem der beiden Besitzer der Firma verbinden – und vereinbarte mit ihm in einer wilden Mischung aus Spanisch und Englisch nach einigem Hin und Her, dass er ihm über einen Mittelsmann in München eine größere Lieferung unterschiedlichster Joggingklamotten nach Deutschland schicken sollte.

Durch seinen Job, der ihn zu manchmal recht schlitzohrigen Gestalten auf Jahrmärkten und Rummelplätzen führte und seine kleineren Nebentätigkeiten hatte Robert inzwischen auch ein paar brauchbare Kontakte zu Leuten aufgebaut, die immer schon einen guten Riecher dafür hatten, wo es gutes Geld zu verdienen gab. Mit zwei dieser Kumpels zusammen hatte er sich mehr oder weniger aus einer Laune heraus für kurze Zeit einen Laden auf der Kölner Hohe Straße, einer der besten und vor allem meist frequentierten Lagen in ganz Deutschland, gemietet.

Der Pachtvertrag mit dem Vormieter, irgendeiner Schuh-Kette, war ausgelaufen und bis zum grundlegenden Umbau für den neuen Mieter, einem Fastfood-Restaurant, sollten noch ein paar Wochen ins Land gehen. Also fragten die Drei den Hauseigentümer, ob sie die gerade leer stehenden sechshundert Quadratmeter für eine Zwischennutzung haben konnten. Der Immobilienbesitzer wollte sich eine derart unerwartete Zusatzeinnahme natürlich nicht entgehen lassen und stimmte zu – allerdings für einen geradewegs aberwitzigen Preis, der Robert und vor allem mich erstmal umhaute. Trotzdem oder womöglich auch gerade deshalb wollte mein geschäftstüchtiger Schatz die Sache unbedingt ausprobieren.

Idealerweise begann gerade die Weihnachtszeit. Die drei Freunde dekorierten das Geschäft mit jeder Menge buntem Kram, Christbaumkugeln und Girlanden, stellten einen Glühweinausschank an den Eingang – und nannten das Ganze »Weihnachtsbasar«. Ein wie auch immer geartetes, einheitliches Sortiment hatte dieser Basar beim besten Willen nicht. Stattdessen gab es alles Mögliche zu kaufen, durchaus brauchbares Zeug wie zum Beispiel warme Socken, winterliche Deko-Artikel und total sinnlosen Krimskrams.

Robert platzierte jedoch auch die gerade eingetroffene Klamotten-Lieferung aus Spanien prominent im Laden – und schlug auf seinen Einkaufspreis eine anständige Spanne drauf. Als die Jungs dann Anfang Januar ihren »Weihnachtsbasar« wieder räumen mussten, war der gesamte »Uncle Sam«-Bestand verkauft. Und nicht nur Bodybuilder, auch ganz normale Menschen fanden die Sachen gut. Es handelte sich damals ja auch noch lange um keine spezielle Sportswear-Marke, wie Robert sie später auf- und ausgebaut hat, sondern lediglich um leidlich schicke, auf jeden Fall aber bequeme Freizeitklamotten von zwei spanischen Designer-Brüdern.

Robert wusste nach diesem Erlebnis nun endgültig, wie er langfristig mehr Geld verdienen konnte als bei seinem Vater. Er musste nur die beiden Geschäftsmodelle, die ihm im Kopf herumschwirrten, irgendwie zusammenbringen: angesagte Kleidung à la »Uncle Sam« vertreiben – und das große Potenzial der Fitness- und Bodybuilding-Szene nutzen. Aber was heißt da »nur«. Wie sollte das gehen – ohne Werbung, ohne Vertrieb, ohne Startkapital? Er musste eine Menge Mut beweisen! Für mich jedoch war nach dem Weihnachtsbasar die Laufbahn als Leistungssportlerin beendet. Ich fing an, in Boutiquen zu jobben und hatte keine Zeit mehr fürs Training. Das nahm mich am Anfang ganz schön mit, auch rein physisch, denn mein Körper hatte sich voll und ganz auf die Belastungen eingestellt. Nur: Robert hatte schon recht – für ein paar klobige Silberhumpen allein brauchte ich diese zeitraubenden Strapazen, die sich praktisch zu einem Full Time-Job ausgewachsen hatten, nicht auf mich zu nehmen.

***

Wir beide haben, gerade am Anfang unserer Beziehung, eine Menge Courage gebraucht, um unseren Weg gemeinsam zu gehen! Kein Mensch konnte uns, als wir uns kennenlernten, garantieren, dass alles funktionieren würde, was wir uns vorgenommen haben – sei es unsere Beziehung oder das Geschäft. Insofern rate ich Euch eins ganz besonders: Wenn es etwas gibt, an das Ihr glaubt, dann steckt nicht gleich den Kopf in den Sand, wenn Rückschläge passieren.

Traut Euch etwas zu! Das kann natürlich auch mal schiefgehen. Aber dann hat es Euch zumindest stärker gemacht.

3. »Schau zu, dass Du auf die andere Seite der Promenade kommst« – *Robert*

Die Jahre mit einer eigenen, immer größer werdenden Firma waren teilweise die Oberhärte! Das war oft Stress pur, völlig spaßbefreit. Es gab Tage, da wussten wir nicht mehr, wo oben und unten ist. Ich will an dieser Stelle gar nicht darauf eingehen, was für einen Scheiß ich hinter mir hatte, bevor ich mit meinem Bruder zusammen unsere »MiRo«-Sportswear gründete, wobei »MiRo« für *Mi*chael und *Ro*bert stand, nicht besonders originell, ich weiß. Vielleicht komm ich ja später noch drauf zu sprechen, mal sehen!

Vorher jedenfalls gab mir die Sache mit dem erfolgreichen »Weihnachtsbasar« einen enormen Schub. Ein eigenes Geschäft, das wär's! Allerdings konnte ich noch nicht bei Vater aussteigen. Er brauchte mich im Betrieb. Ich wollte ihn außerdem auch nicht hängen lassen. Also habe ich nach dem Weihnachtsurlaub, den ich logischerweise tutto completo in unserem »Basar« verbracht hatte, wieder ganz brav täglich meinen Dienst verrichtet.

Abends aber habe ich einen kleinen und vor allem bezahlbaren Laden irgendwo in der Kölner Innenstadt gesucht, in dem ich die »Uncle Sam«-Kiste weiter vorantreiben konnte. Die Hohe Straße kam dafür natürlich nicht mehr in Frage, die Quadratmetermieten dort lagen bei über hundert Mark im Monat. Das war jenseits von Gut und Böse! Aber das Gute an Köln war, dass sich neue Dinge immer recht schnell herumsprachen. Insofern würde ein originelles Geschäft auch in einer weniger stark frequentierten Lage funktionieren, wenn die Ware nur interessant genug wäre. Und das war sie definitiv!

Nach ein paar Wochen Suche wurde ich fündig: in der Ehrenstraße Achtundneunzig. Die Ehrenstraße liegt auch noch verhältnismäßig zentral in der City, zwischen Hohenzollernring und Neumarkt. Aber sie ist eben nicht ganz so nahe an Dom, Brauhäusern und Rhein, was sich logischerweise auf die aufgerufenen Mietpreise auswirkte: Für achtzig Quadratmeter zahlte ich viereinhalbtausend Mark im Monat. Das war zwar immer noch eine Menge Zaster. Aber das Risiko war zumindest überschaubar.

Im Frühjahr begannen wir, den Laden dank eines professionellen Ladenbauers komplett neu herzurichten. Das bedeutete: Alles, wirklich alles, was da vorher drin war, schmissen wir auf den Sperrmüll. Wir stylten den Betrieb von Grund auf um. Wir putzten und strichen, bis uns die Finger anschwollen! Und wir packten alles rein, was die spanischen »Uncle Sam«-Jungs so produzierten. Nach ein paar Wochen war alles fertig. Es sah richtig gut aus! Wir hatten gewissermaßen einen Flagship Store von »Uncle Sam« in Deutschland aufgemacht. Ich war zufrieden. Daraus würde sich bestimmt ein gutes Geschäftsmodell entwickeln!

Das Dilemma an der Sache war nur: Mein Vater und mein Onkel ließen mich partout nicht von der Firma weg. Ich musste weiter für knapp achtzehnhundert Mark brutto ackern, obwohl ich jetzt gewissermaßen selber Geschäftsmann war. Also blieb nur eins: Den neuen Laden in der Ehrenstraße musste Carmen schmeißen. Sie stand an der Kasse, bediente die Kunden, nur die Bücher verwaltete ich selbst. Und ich organisierte nach meinem Feierabend die Ware.

Was mir bereits an dieser Stelle als Botschaft besonders wichtig ist: Dieser eigene kleine Laden war mein Antrieb, der meine Maschine am Laufen hielt. Immer, wenn ich müde und kaputt in die Ehrenstraße reingefahren bin und mein Geschäft gesehen habe, waren meine Augen am Leuchten. Ich wusste: Das war mein Ding! Das hat mir in dieser Zeit die nötige Energie gegeben, weiterzumachen. Selbst wenn ich ein paar Mal wegen der durch die Doppelbelastung üblichen Vierzehn-Stunden-Tage fast vom Stuhl gerutscht wäre! So einen Antrieb sollte sich jeder suchen, der mit dem unzufrieden ist, was er den lieben langen Tag so tut. Es muss ja kein eigener Laden sein. Aber irgendetwas, das man mit Leidenschaft angeht, für das man brennt. Bei manchen Menschen ist es irgendetwas Künstlerisches, bei anderen vielleicht sogar vermeintlich langweilige Sachen wie Zahlen oder Paragraphen. Man muss es nur selbst für sich herausfinden. Und das hatte ich gerade!

»Nur mit Glück wird man nicht reich.«

Carmen hat ja bereits beschrieben, dass ich ihr schon gleich am Anfang unserer Beziehung versprochen hatte, für sie zu sorgen. Klar war das schon damals ernst gemeint. Denn da bin ich einfach konservativ: Ich finde, ein Mann muss alles tun, um seiner Familie ein anständiges Leben zu ermöglichen. Im Gegenzug hält die Frau ihm den Rücken frei. Mit Ausnahme der Phase, in der wir die Boutique in der Ehrenstraße hatten, war es mir immer lieber, Carmen bleibt daheim und schafft mir all die Problemchen vom Hals, die mich von der Konzentration aufs Geschäft abgelenkt hätten.

Mag sein, dass das altmodisch ist. Aber ich bin immer gut damit gefahren. Ich wusste, dass ein gutes Essen auf dem Tisch stand, wenn ich nach Hause kam. Ich wusste, dass unsere Wohnung picobello aufgeräumt und die Post erledigt war. Und ich wusste, dass ich mich nach einem echt üblen Tag auch mal ein Stündchen schweigend vor die Glotze setzen konnte, um zu relaxen – ohne dass Carmen deshalb mit mir böse gewesen wäre. Deshalb kann ich heute auch sagen: Ohne Carmen hätte ich all das sicher nicht geschafft. Aber ohne meinen eisernen Willen auch nicht.

Wenn dann doch einmal kurz Gefahr bestand, irgendwelchen Versuchungen und Verlockungen nachzugeben, dann habe ich mich kurz geschüttelt und schnell wieder am Riemen gerissen. Danach habe ich lieber noch härter gearbeitet als vorher. An ein absolutes Schlüsselerlebnis dieser Art erinnere ich mich noch heute so, als wäre es gestern gewesen.

Es war das erste Mal, dass wir gemeinsam an der Côte d'Azur Urlaub machten. Die Firma lief schon ganz gut, und es war immerhin möglich, dass ich mich mal für eine Woche vom Büro verabschiedete, um endlich mal die Birne freizukriegen und mehr Zeit mit Carmen zu verbringen. Wir wollten schon lange dort runter fahren, weil wir seit jeher die Sonne und das Meer liebten. Und weil wir neugierig waren, ob die Gegend wirklich so edel war, wie wir es aus Erzählungen von Freunden oder aus der Illustrierten kannten.

Große Sprünge aber, von wegen Hotel Majestic in Cannes, Hotel Negresco in Nizza oder gar Hotel de Paris in Monaco, konnten und vor allem wollten wir seinerzeit nicht machen. Wir mieteten uns stattdessen für ein paar Tage in einer schnuckeligen Drei-Sterne-Pension in Saint Tropez ein, was für unsere Verhältnisse schon außergewöhnlich verschwenderisch war.

Jedenfalls wohnte in diesem verrückten Dorf, das die Reichen und Schönen anzog wie helles Licht die Motten, schon seit geraumer Zeit eine Freundin von Carmen aus alten Zeiten. Die hatte sich irgendwann einen reichen Kerl geangelt und kannte innerhalb weniger Jahre vor Ort praktisch Gott und die Welt. Vor allem kannte sie jene Leute, die so richtig Kohle hatten. Und mit richtig meine ich nicht, dass die mal eine Magnumpulle Schampus in einem Beachclub auf die anwesenden Gäste verspritzten, wie man das heute manchmal im Fernsehen sieht und womit irgendwelche schlecht erzogenen Wohlstands-Kids zeigen wollen, dass sie dazugehören.

Die meisten Typen aus ihrem Bekanntenkreis hatten so viel Mille auf der hohen Kante, dass mir als kleinem Kölschen Kaufmann schon bei der bloßen Vorstellung des Kontoauszugs die Spucke wegblieb. Feiern konnten die natürlich auch, aber dezenter.

Eines Tages machte uns besagte Freundin mit ihrem neuesten Liebhaber bekannt, dessen Eltern eine Apotheke im Zentrum gehörte. Das kam der Lizenz zum Gelddrucken gleich. Trotzdem war er ein netter junger Kerl, der sich freute, mal jemanden kennenzulernen, den das alles noch beeindruckte. Wir waren uns sympathisch und beschlossen, zu viert essen zu gehen. Was uns dort erwartete, hatten Carmen und ich zuvor noch nie gesehen: Das Lokal sah aus wie ein Märchenschloss! Wir saßen außen in einem riesigen, wunderschönen Park in einem weißen Pavillon.

Was mich allerdings etwas stutzig machte, war die Tatsache, dass es sich um die Art von Restaurants handelte, die rechts auf der Speisekarte keine Preise stehen hatten. Ich deutete das als eher schlechtes Zeichen. Doch Carmens Freundin war das wurscht. Sie bestellte für uns alle munter drauf los: Champagner als Aperitif, zwei, drei Flaschen edlen Wein, Vorspeise, Hauptspeise, Dessert und noch mal Champagner. Kurz: Wir hatten das volle Programm! Zwei Kellner kümmerten sich ausschließlich um unseren Tisch. Mir wurde immer mulmiger. Auch wenn ich nicht wissen konnte, was genau der Spaß kosten würde, schätzte ich das Abendessen für uns vier angesichts der sonstigen Lebenshaltungskosten hier bestimmt auf tausend Mark. Das war für uns definitiv eine Nummer zu groß!

»Ach Du Scheiße«, flüsterte ich während irgendeines opulenten Ganges zu Carmen. »Das ist ja schon fast unsere gesamte Urlaubskasse, die hier draufgeht. Das können wir uns doch gar nicht leisten!«

»Ich weiß, aber was sollen wir tun?«, flüsterte Carmen zurück. »Da müssen wir jetzt irgendwie durch!«

Nach drei Stunden waren wir fertig mit dem Essen und ich zusätzlich mit den Nerven. Unsere beiden Kellner waren gerade nicht da. Die addierten wahrscheinlich gerade unsere Rechnung zusammen. Das würde zweifellos etwas dauern.

»Lass uns hier verschwinden«, sagte unsere fröhliche Bekannte da unvermittelt. Sie hatte wohl bemerkt, dass Carmen und ich schon Schweißperlen wegen der bevorstehenden Bezahlung auf der Stirn hatten. Auch, weil wir gar nicht so viel Bargeld dabei hatten.

»Wie verschwinden?«, fragte Carmen. »Du spinnst ja, das können wir doch nicht machen!«

»Doch«, lachte sie, nahm ihren Apothekenerben an der Hand und sprang mit ihm plötzlich mitten durch die Hecke, die den Park zur Straße abgrenzte und direkt hinter unserem Pavillon begann.

Carmen und ich schauten uns an und bekamen es mit der Angst zu tun. Weil wir nicht wussten, was wir sonst hätten tun sollen, sprangen wir hinterher. Als wir uns kurz danach von unseren Freunden verabschiedet hatten und wieder in unserer Pension waren, packte uns ein brutal schlechtes Gewissen! Wir hatten die Zeche in einem der vornehmsten Lokale von Saint Tropez geprellt. Wahrscheinlich suchte uns der Wirt im ganzen Ort. Oder gleich die versammelte Gendarmerie. Wie auch immer: Wir konnten uns hier wahrscheinlich nie wieder blicken lassen. Die ganze Nacht über machten wir fast kein Auge zu. Wir beschlossen, uns eine Ausrede für unser Verschwinden einfallen zu lassen und die Rechnung am Folgetag zu bezahlen. Selbst wenn es uns den restlichen Urlaub kosten sollte. Nach einer wenig erholsamen Nacht trafen wir am nächsten Morgen unsere seltsam tiefenentspannte Freundin wieder.

»Das gestern war nicht in Ordnung«, sagten wir zu ihr. »Wir haben deshalb kaum geschlafen. Wir gehen da jetzt hin und werden das bezahlen!«

Aber erstaunlicherweise lachte sie nur: »Doch, doch, Leute! Das passt schon. Macht Euch keine Sorgen.«

Sie klärte uns darüber auf, dass uns ihr Freund eingeladen und vor unserer Flucht die Rechnung längst bezahlt hatte. Sie hatten sich mit uns nur einen kleinen Spaß erlaubt. Wir waren sauer! Aber auch total erleichtert. Das bedeutete, dass wir doch noch bleiben konnten!

In den folgenden Tagen stellte sie uns einer Handvoll wichtigen Typen vor, die gerade ebenfalls in Saint Tropez Urlaub machten oder mit ihren Yachten dort vor Anker lagen. Bei diesen lockeren Cocktailpartys lernten wir zum Beispiel den sehr hemdsärmeligen Eigentümer von Jack Daniel's kennen. Außerdem trafen wir, praktisch als Gegensatz dazu, einen eher verspannten deutschen Top-Manager. Zu guter Letzt wurden wir noch mit einem schwerreichen und lebensfrohen französischen Reeder bekannt gemacht.

Diese Gelegenheit musste ich nutzen, dachte ich mir. Daher versuchte ich jedes Mal, den üblichen Smalltalk über Wetter und Weinjahrgänge schnell abzuhaken und das Gespräch auf Themen zu lenken, die mich wirklich interessierten. Nur dann konnte ich etwas lernen, was ich eventuell für meine weitere geschäftliche Laufbahn brauchte. Dabei erfuhr ich zwar nicht, wie man es wirklich vom Tellerwäscher zum Millionär brachte, aber immerhin wurde mir manch interessanter Zusammenhang klar. Und ich erhielt den ein oder anderen guten Rat.

Doch keine Begegnung hat mich so sehr beeindruckt wie das, was ich eines schönen Spätnachmittags durch Zufall entdeckte. Gut die Hälfte unserer Ferien war bereits um. Ich saß mit Carmen gemütlich in einem Café an der Hafenpromenade. Da fiel mein Blick auf ein unglaublich elegantes Boot, das in diesem Moment genau gegenüber anlegte. Das Teil war ohne Übertreibung eine Mega-Nummer. »XOXOXO« hieß das Ding. Es war sage und schreibe ein-und-zwanzig-ein-halb Meter lang und kam von Leopard, einer italienischen Edel-Werft, die sich auf absolute Luxusyachten spezialisiert und von der ich bis dato nur gehört hatte.

So etwas kannte ich nicht! Was mochte das wohl gekostet haben? Mir schossen tausend Gedanken durch den Kopf. Plötzlich fühlte ich mich unwohl in meiner Haut. Ich hockte hier mit Carmen bei einer Tasse Kaffee in der Sonne. Doch vielleicht ging es zu Hause in der Firma gerade drunter und drüber! Und was fast noch schlimmer war: Wir ließen uns ein paar Tage zuvor ein Essen für einen Tausender schmecken. Aber wir hätten uns das selbst gar nicht leisten können, wenn wir nicht eingeladen worden wären!

War es das, was ich wollte? Wollte ich mich darauf verlassen, dass alles weiterhin gut funktionierte, auch wenn ich mal die Füße hochlegte? Wollte ich von der

Großzügigkeit anderer abhängig sein, wenn es darum ging, sich mal etwas Besonderes leisten zu können? Und, auf den Moment bezogen: Wollte ich am Ende des Tages immer nur beeindruckt auf die Yachten von Fremden glotzen?

Die Antwort war klar, und ich gab sie mir gleich selbst: Nein, das wollte ich nicht! Ich wollte es selber schaffen, mit meiner eigenen Hände Arbeit. Dorthin, auf die andere Seite der Promenade, wo gerade diese unglaublich geile Leopard-Yacht vor Anker lag, dorthin wollte ich irgendwann einmal auch kommen. Zumindest im übertragenen Sinn. Und wenn ich dann mal dort wäre, könnte ich mir ja noch überlegen, ob ich mir auch so ein Bötchen leisten würde. Ich konnte auf keinen Fall länger hier in der Hitze Südfrankreichs vor mich hin schmoren. Ich musste dringend wieder was tun!

»Wir fahren nach Hause«, sagte ich zu Carmen.

»Was erzählst Du da für einen Blödsinn, wir haben doch noch eine Woche«, lachte sie. Aber ich meinte es verdammt ernst. Carmen schluckte.

»Komm schon, lass uns packen. Ich muss wieder schaffen«, entgegnete ich. Die Frau verstand natürlich die Welt nicht mehr. Aber sie wusste, dass es keinen Sinn hatte, mir das jetzt auszureden. Es tat mir ja auch leid, dass ich in diesem Moment so rigoros war. Aber es ging nicht anders. Ich konnte nicht zulassen, dass sich bei mir langsam der Schlendrian einschlich. Ich hatte noch nichts erreicht, zumindest nicht viel.

Ein bisschen hineinschnuppern in diese Welt des Luxus, das war mir zu wenig. Wenn schon, dann wollte ich da mitmischen. Das aber würde noch ein wenig dauern ...

***

Was ich mit dieser kleinen Geschichte sagen will: Setz Dir immer Ziele im Leben und versuche, diese Step by Step zu erreichen! Kaum einer hat mit einem Rolls Royce in der Garage angefangen. Bei mir wie bei den meisten anderen Menschen stand da auch erst mal ein Volkswagen. Wichtig ist nur, dass Du Deine Ziele immer im Blick behältst. So wie ich das Boot auf der anderen Seite der Promenade, das mir lange Zeit nicht aus dem Kopf ging. Bis ich es mir irgendwann leisten konnte. Alles auf einmal – das schafft man, wenn überhaupt, höchstens durch einen Lottogewinn. Aber die Wahrscheinlichkeit auf den Jackpot liegt bei eins zu hundertvierzig Millionen. Das ist mir eindeutig zu gering!

4. »Wer keine Hausaufgaben macht, fährt auch keinen Jet-Ski« –
Carmen

Kinder können nix dafür, wo sie hineingeboren werden. Das empfinde ich oft als die vielleicht größte Ungerechtigkeit der Menschheit: wenn so ein kleiner und hilfloser Mensch nie eine wirkliche Chance bekommt, sich ordentlich zu entwickeln, weil die Eltern sich zum Beispiel lieber ums Fernsehprogramm oder um ihre Computerspiele kümmern, von Drogen oder Alkohol abhängig oder aber schwerkrank sind. Umso mehr fühle ich mich verpflichtet, unsere beiden Töchter zu anständigen Menschen zu erziehen, die ihre Mitmenschen immer respektieren und die manche Privilegien, die sie nun mal als zwei waschechte Geissens bekommen, nicht ausnutzen.

Meine rigide Einstellung diesbezüglich hat natürlich auch eine eigene Vorgeschichte. Nun lässt sich dazu zunächst sagen, dass meine eigene Kindheit manchmal nicht ganz hundertprozentig perfekt war. Das aber hatte weniger mit den Gefühlen meiner Eltern mir gegenüber zu tun: Die beiden haben mich immer sehr geliebt, und wenn wir miteinander Zeit verbrachten, war es meistens sehr harmonisch! Meine

Traurigkeit, die ich ab und an als kleines Mädchen verspürte, hing vielmehr mit ihrem aufreibenden Beruf als Gastronomen zusammen: Mein Vater und meine Mutter waren oft von frühmorgens bis spät in die Nacht in ihrem jeweiligen Betrieb, weshalb ich notgedrungen recht schnell selbständig geworden bin, was ja eigentlich auch kein Schaden ist. Aber ich hätte eben gerne mehr Zeit mit meinen Eltern verbracht.

Ich bin ihnen deshalb jedoch nicht böse. Sie hätten ja nicht von heute auf morgen ihre wirtschaftliche Existenz aufs Spiel setzen können, nur um mehr Zeit mit der kleinen Carmen zu verbringen. Aber ich und Robert versuchen, so viele Dinge wie nur irgendwie möglich mit Davina und Shania zu unternehmen. Diese Zeit kann uns nämlich hinterher niemand mehr nehmen! Und der Tag, an dem die beiden von ihren zwei Ollen genervt sind, der wird irgendwann so sicher kommen wie das Amen in der Kirche. Ich hoffe nur, dass es bis dahin noch ein paar Jahre dauert.

Der andere Grund aber, warum für mich das Thema Umgang mit Kindern so eine große Rolle spielt ist der, dass ich selbst beinahe keine bekommen hätte!

Mit siebzehn, wenige Monate, nachdem ich mit Robert zusammengekommen war, hatte ich eine Scheinschwangerschaft. Ich bekam meine Tage nicht mehr, hatte schlimme Bauchschmerzen und musste mich ständig übergeben. Mein Frauenarzt erklärte mir, dass die Ursache für dieses Phänomen rein psychischer Natur sei. Klar hatte ich zu jener Zeit ein bisschen Trouble, wie das bei Siebzehnjährigen eben so üblich ist: der erste richtige Freund, der alltägliche Stress in der Schule, der Sport – das war für meinen Kopf offenbar ein bisschen viel. Nach ein paar Wochen war alles wieder einigermaßen im Lot. Aber der Wunsch nach einem Kind war plötzlich riesengroß. Ich wollte eine junge Mutter sein, das wusste ich nun.

Kurz darauf wurde ich tatsächlich schwanger. Aber ich sollte das Baby nicht behalten können. Ich hatte eine Fehlgeburt! Zunächst schob ich das auch wieder auf die ganzen Belastungen von außen, und man sagte mir, dass dies bei Mädchen in meinem Alter nicht selten vorkommen würde. Aber die Nackenschläge häuften sich im Laufe der Jahre. Immer wieder bestätigte mir mein jeweiliger Frauenarzt, ich würde ein Kind bekommen. Und immer wieder verlor ich es. Es klingt jetzt wahrscheinlich krass, aber Fehlgeburten wurden fast zu einer Gewohnheit, so oft passierte mir dieses furchtbare Unglück.

Einmal wurde ich mit unerträglichen Krämpfen ins Krankenhaus eingeliefert. Die Ärzte dachten zuerst, ich würde simulieren, weil ich so hysterisch war. Aber ich schauspielerte nicht! Nach einer Bauchspiegelung stellten die Mediziner bei mir eine akute Eileiterschwangerschaft fest. Ich hatte schon einen Liter Blut im Magen, deshalb wurde ich sofort notoperiert!

Um ein Haar hätte ich meinen Robert an diesem Tag zu einem der jüngsten Witwer Kölns gemacht, aber es ging gerade noch mal gut.

Danach ging der ganze Horror mit den Fehlgeburten weiter. Es war jedes Mal ein ständiger Wechsel zwischen Hoffen, Bangen und völliger Resignation. Ich konnte nicht mehr anständig schlafen. Robert hat mich natürlich getröstet, so gut er konnte. Doch aufgrund seiner immer knapper werdenden Zeit als immer erfolgreicherer Unternehmer war ich trotzdem meistens auf mich alleine gestellt. Auch dann, wenn das Unfassbare mal wieder vorkam.

Irgendwann hatte ich endlich, nach so vielen Rückschlägen, die kritische zwölfte oder dreizehnte Woche überschritten. Sollte nun doch noch ein Wunder geschehen? Es sah ganz danach aus! Ich ging alle acht Tage zur Kontrolle und bekam schließlich von meinem Frauenarzt schon einen Mutterpass. Auch Robert freute sich auf das Kind. Zu einer der üblichen Routineuntersuchungen versprach er mir, mich zu begleiten. Der Doktor hatte mir vorher zugesichert, dass wir gemeinsam die Herztöne des Embryos würden hören können. Als ich in die Firma kam, hatte Robert zwar schon wieder vergessen, dass er mit mir zum Arzt wollte. Aber obwohl er gerade in einer wichtigen Besprechung mit seiner Bank saß, fuhr er mich zur Praxis. Als der Mediziner jedoch mit dem Ultraschall über meinen Bauch fuhr, verfinsterte sich seine Miene.

»Was ist denn?«, fragte ich ihn.

»Stimmt was nicht?«, fragte Robert.

»Ich kann nichts hören«, sagte der Arzt.

Im ersten Moment begriff ich nicht, was er meinte, obwohl ich es mit meiner schlimmen Erfahrung eigentlich hätte wissen müssen.

»Ist was mit dem Gerät nicht in Ordnung?«, fragte ich verwirrt.

»Ich kann das Herz nicht mehr hören. Ich fürchte, es ist irgendetwas mit dem Fötus passiert.«

Das konnte doch einfach nicht wahr sein! Ich lag regungslos da und fühlte mich, als würde ich in einen Krater ohne Boden fallen. Ich hörte zwar die Stimmen meines Arztes und von Robert, aber ich verstand nicht, was sie sagten. Mir war schwindelig, heiß und gleichzeitig eiskalt.

Als wir einige Zeit später schweigend vor dem Auto standen, konnte mich Robert kaum beruhigen. Ich weinte so sehr. Für mich brach endgültig eine Welt zusammen. Ich war anscheinend im Kopf so sehr aufs Kinderkriegen fixiert, dass mein Körper alles, was damit irgendwie zusammenhing, einfach blockieren wollte! Manche Ärzte, die mich in der Folgezeit untersuchten, meinten sogar, dass Robert und ich biologisch schlichtweg nicht zusammenpassen würden. Ich spürte zwar, dass das nicht stimmte, aber es machte meinen Schmerz natürlich nicht besser.

Insgesamt ereilte mich das Schicksal einer Fehlgeburt unglaubliche neun Mal! Aber Gott sei Dank konnte ich das Ganze trotzdem noch abhaken. Denn der versöhnliche Abschluss dieser Geschichte ist, dass ich mit Davina schwanger wurde, als ich zum ersten Mal nach all den Jahren nicht mehr daran gedacht habe, unbedingt Mutter werden zu müssen, als ich einfach losgelassen habe. Dass ich mit ihr und Shania schließlich doch noch zwei wunderbare Kinder bekommen habe, ist das Größte, was mir in meinem Leben passiert ist! Das muss ich den beiden einfach zurückgeben, auch wenn sie den ein oder anderen diesbezüglichen Versuch meinerseits momentan manchmal noch etwas anders sehen, was ja auch sonnenklar ist in diesem Alter!

Für Davina und Shania spielt, wie für die meisten Kinder, Luxus keine Rolle. Für sie ist unser Familienleben einfach ein großes Abenteuer. Wenn es nach ihnen ginge, dann würden sie später am liebsten in einem Hotel arbeiten, das einen riesigen Pool mit acht Wasserrutschen hat. Das ist zumindest der Stand zurzeit. Wir machen viele wunderschöne Reisen zusammen und erleben jede Menge kuriose, lustige oder spannende Geschichten. Wie teuer das Lokal ist, in dem wir zu Mittag essen und von welchem Designer Mamas Handtasche stammt, das ist ihnen dabei piepegal. Sie freuen sich tausend Mal mehr über eine billige Muschelkette, die sie bei einem Strandhändler entdecken oder über ein aus dem Supermarkt mitgebrachtes Glas Nutella als beispielsweise über eine wertvolle Uhr.

Das wird natürlich nicht so bleiben, das ist uns auch klar. Unsere westliche Gesellschaft ist eben sehr materiell veranlagt, daran ändert auch die beste Erziehung nix. Früher oder später wird also die ein oder andere Versuchung auch unsere braven Töchter ereilen. Doch dafür rüsten wir sie – mit festen Regeln, die bei uns zu Hause gelten!

Zunächst mal bekommen unsere Mädels lediglich fünf Euro Sonntagsgeld pro Woche. Wenn sie mal ein paar Euro mehr haben wollen, dann müssen sie sich die erarbeiten, mit kleineren Arbeiten im Haushalt zum Beispiel. Größere Geschenke dagegen werden wohl dosiert. Weihnachten vor einem Jahr zum Beispiel haben beide ausnahmsweise ein iPhone bekommen, weil sie es sich so sehr gewünscht haben – und weil es für uns Eltern praktisch ist, wenn sie sich von unterwegs telefonisch melden können. Das war's dann aber auch: In den Dingern steckt jeweils eine Prepaid-Karte. Wenn die leer ist, wird eben nicht mehr telefoniert, bis sie genug Geld gespart haben, um die Karte wieder aufladen zu können.

Süßigkeiten gibt's bei uns ebenfalls so gut wie nie, höchstens mal als Belohnung, für eine gute Note zum Beispiel. Und Cola kommt schon gar nicht auf den Tisch, das haben wir gar nicht im Kühlschrank. Erstaunlicherweise schmeckt so ein Zeug den Kindern dann auch gar nicht so sehr, wenn etwas nicht selbstverständlich und vor allem nicht dauernd verfügbar ist.

Was Robert und ich auch gar nicht leiden können ist, wenn Essen stehenbleibt oder wenn Sachen bestellt werden, die dann nicht aufgegessen werden, weil man gar nicht so viel Hunger hat. Das gehört sich einfach nicht, und da spielt es auch gar keine Rolle, was genau bestellt wird – ob das eine Portion Pommes für zwei Euro ist oder ein Filetsteak für zwanzig.

Ich beobachte oft andere Leute beim Einkaufen. Manche Mütter sind da schon von vornherein gestresst, von der Parkplatzsuche oder wegen der Warteschlange an der Kasse. Die Kleinen merken das natürlich auch und quengeln und nölen solange herum, bis die Riesentafel Schokolade im Wagen landet. Das aber ist meiner Meinung nach das völlig falsche Signal. Wie soll ein Kind denn ein Gefühl für das richtige Maß bekommen, wenn seine Eltern es auf diese Art ruhig stellen? Davina und Shania sind diesbezüglich bei mir an der falschen Adresse! Auch wenn ich mal von irgendeinem Umstand genervt bin, diskutiere ich lieber ausdauernd, warum es in diesem Moment unbedingt eine Tüte Gummibärchen sein soll, bevor ich mich um des lieben Friedens willen erpressen lasse.

Ob das nun besonders streng ist oder nicht, sollen andere beurteilen. Ich möchte jedenfalls nicht, dass sich jemand über meine Kinder beschweren muss. Und bis jetzt hat das auch noch keiner gemacht, im Gegenteil. Ich bin stolz darauf, dass unsere zwei so gut gelungen sind! Bei ihrer Erziehung hilft uns einfach ungemein, dass Robert und ich trotz der Extrawürste, die wir uns im Laufe der Jahre erarbeitet haben, immer sehr bodenständige Menschen geblieben sind. Von der Einstellung her sind wir ganz sicher die gleichen, die wir auch damals waren, als wir ganz jung in unsere erste Wohnung zusammengezogen sind.

»Es ist nicht gut, sein Glück zu sehr herauszufordern!«

Und darum haben wir uns auch noch nie Blattgold über die Pasta gehobelt, nur weil wir vielleicht mehr Geld besitzen als der Durchschnitt. Stattdessen kochen wir uns zu Hause alle gemeinsam gerne mal Spaghetti mit Tomatensoße oder essen eine zünftige Currywurst an der Imbissbude. Was kaum einer weiß ist, dass Robert selbst auch prima kochen kann, saftiges Rindsgulasch zum Beispiel. Das ist doch herrlich! Viele Frauen wären zudem bestimmt mega-erstaunt, wie viele No-Name-Sachen ich im Schränkchen habe und Luxusklamotten für Kinder halte ich eh für einen großen Quatsch. Ich bin mir auch nicht zu schade, zu Hause zu putzen. Und Robert schrubbt sogar sein Boot selber, wenn's sein muss. Da fällt keinem Geiss ein Zacken aus der Krone. Das kriegen unsere Töchter selbstverständlich mit.

In einem ganz wesentlichen Punkt haben wir es aber wirklich besser als viele andere. Der aber hat mit Kohle zumindest unmittelbar nichts zu tun: Wir verbringen schlichtweg unglaublich viel Zeit zusammen! Das, glaube ich, ist der allergrößte Luxus, den wir vier haben. Und das ist auch das sicherlich größte Erfolgsgeheimnis einer funktionierenden Familie, wie wir es sind. Wenn man so viel wie möglich zusammen unternimmt, wenn man den anderen immer teilhaben lässt an den Erlebnissen, die einen beschäftigen, dann bekommt man einen ganz besonderen Bezug zueinander. Davon bin ich überzeugt.

Klar weiß ich auch, dass das nicht ganz so gut klappen kann, wenn Papa täglich zehn Stunden im Büro schuften muss oder Mama als Krankenschwester im Schichtdienst tätig ist. Darum bin ich trotz der ganzen widrigen Umstände eigentlich sehr froh, dass wir verhältnismäßig spät Eltern wurden. So haben wir alles, was wichtig war, gemeinsam erleben dürfen.

Früher, als Robert bis zur Oberkante Unterlippe in seiner Arbeit drinsteckte, hätte das alles nicht so einfach funktioniert. Aber wir hätten versucht, uns anderweitig Freiräume für die Familie zu schaffen. Denn für Kinder ist es nun mal irrsinnig wichtig, dass man sich mit ihnen beschäftigt, und zwar von klein auf. Ich finde es furchtbar, wenn manche Männer nur am Telefon mitbekommen, dass daheim das Söhnchen seine ersten Schritte gemacht beziehungsweise das Töchterlein ihr erstes Wort gesagt hat. Oder, wenn – wie bei anderen wohlhabenden Leuten bisweilen zu beobachten – eine Nanny die komplette Erziehung übernimmt und sich Mutter und Vater vollkommen raushalten, weil es ihnen zu viel Aufwand ist.

***

Meine dringende Empfehlung an alle Eltern ist, ihren Kindern eine solide Bodenständigkeit beizubringen und sie nicht zu verziehen, gerade wenn wirtschaftlich alles in Butter ist. Sprecht mit ihnen über ihre Sorgen und Ängste und macht ihnen klar, dass Ihr immer für sie da seid. Und führt Euch ganz unabhängig vom Kontostand immer vor Augen: Wenn die Kinder mal von zu Hause ausgezogen sind, dann ist es zu spät für ein ausreichendes Miteinander. Verlorene Zeit kann keiner nachholen. Nicht mal Bill Gates mit seinen ganzen Milliarden ...

5. »Wenn Du nix hast, musst Du zusehen, dass Du was kriegst« –
Robert

Carmen hat ja vorhin schon von meinem legendären »Weihnachtsbasar« in der Kölner Innenstadt erzählt. Der war von meinem eigenen Sportswear-Unternehmen noch meilenweit entfernt. Doch schon allein bis dahin war ein weiter Weg zu gehen. Und der begann im Grunde genommen an dem Punkt, an dem mir mehr oder weniger nahegelegt wurde, dass ich nicht mehr zur Handelsschule erscheinen brauchte. Das ist kein besonders rühmliches Kapitel. Das soll uns zumindest jetzt auch nicht weiter kümmern. Später komme ich noch mal darauf zurück! Aber vielleicht war's genau der richtige Schuss vor den Bug zur richtigen Zeit. Auch, wenn das damals sicherlich alle Beteiligten anders sahen – einschließlich meiner Wenigkeit.

Trotzdem flippte zu meinem Erstaunen mein Vater überhaupt nicht aus, als er eines schlechten Morgens per Telefon vom Direktor persönlich vom Ende meiner Schul-Karriere erfahren hat. Stattdessen hatte er bereits einen konkreten Plan für meine Zukunft in der Schublade. Für ihn war klar, dass ich irgendwann in zehn oder meinetwegen zwanzig Jahren sein legitimer Nachfolger werden würde. Drum konnte es auch nix schaden, wenn ich die ganze Chose gleich bei ihm von der Pieke auf lernte.

Das hieß im Klartext, dass ich praktisch von jetzt auf gleich eine Lehre als Groß- und Einzelhandelskaufmann in unserem familieneigenen Kirmes- und Karnevalsartikel-Imperium anfangen musste. Auch wenn die Produktpalette für Außenstehende eher kurios anmutet: Wir stammen aus dem Rheinland! Hier ist Stimmung auch ein knallhartes Business. Und der Karneval alljährlich ein todsicherer Umsatzgarant.

Schon die Großeltern meines Vaters hatten eine eigene kleine Firma, in der sie unter anderem künstliche Blumen herstellten. In den Glanzzeiten vor dem Zweiten Weltkrieg haben dreißig bis vierzig Frauen jeden Winter über diese Papierdinger zusammengeklebt. Und sie entdeckten das Geschäft mit dem Rummel: Der Überlieferung nach hat mein Urgroßvater sogar gewissermaßen die Schießbude erfunden! Denn er war es, der die Idee hatte, dass Kirmesbesucher nicht mehr in Festzelten auf Zielscheiben schießen sollten, wie es damals üblich war. Sondern lieber in eigens dafür angefertigten Wagen auf Einweg-Tonröhrchen. Für jeden Treffer sollte es einen kleinen Preis geben – zum Beispiel eine Rose aus Seidenpapier. Und praktischerweise hatte er beides im Angebot: die Röhrchen und die Rosen. Dazu jede Menge

Wir stammen aus dem Rheinland!
Hier ist auch Stimmung ein knallhartes Business.

Seit 1996 unser Zuhause: Monaco!

Unser erster Urlaub in Calpe – Carmen und ich kurz nachdem wir uns kennenlernten … dass wir mal so erfolgreich sein würden, hätten wir damals nie gedacht!

Mitte der 1980er begann ich im Fitnessstudio zu trainieren ...

*... halbe Sachen
gab's für mich schon
damals nicht ...*

*... und das harte Training zahlte sich aus: Ich gewann einen
Wettbewerb nach dem anderen!*

Von nix kommt nix!

. . . als ich Carmen so sah, hatte ich eine Idee:
Klamotten ausschließlich für Bodybuilder!

»Uncle Sam« nimmt Gestalt an — Carmen in unserem ersten Laden in der Ehrenstraße 98 in Köln.

*Wir ackerten wie die
Irren, konnten uns
dafür aber auch endlich
mal was leisten!*

... aber sollte das schon alles gewesen sein?
Eigentlich wollte ich mehr.

anderen Krempel, den man den Gauklern aufs Auge drücken konnte. Der Großvater meines Vaters dagegen hat vor neunzig Jahren einen Zigarrenladen am Kölner Hauptbahnhof erworben.

Nach Kriegsende war natürlich vorerst Sense – mit den Kunstblumen und den Zigarren. Alles war kaputt. In Köln war die Zerstörung besonders schlimm! Jeder musste erst mal sehen, ob und wie er überhaupt überleben konnte. Doch durch eine glückliche Fügung lernten sich kurz nach der Stunde Null wiederum meine Großeltern kennen. Beide entdeckten ihre Gefühle füreinander. Und sie entdeckten, dass die Sache mit dem Schaustellerbedarf doch eine Zukunft hatte. Vielleicht sogar mehr denn je! Denn mit den aufkommenden Wirtschaftswunderjahren begann auch der Aufschwung von Volksfesten jeder Art. Die Menschen wollten endlich wieder unbeschwert lachen und ordentlich einen draufmachen. Und Opa und Oma hatten das Zubehör dafür ...

Ein gewisser Geschäftssinn könnte mir demnach durchaus in die Wiege gelegt worden sein. Davon merkte ich aber zum Zeitpunkt des Anrufs meines erbosten Schuldirektors bei Vater nichts. Ich war damals halt ein ziemlich pubertierender Teenager, der weder auf Schule, noch auf Arbeit richtig Bock hatte. Aber wenn ich mich schon zwischen Pest und Cholera entscheiden musste, dann zumindest für die Alternative, für die ich ein paar Mark bekam.

Dummerweise begann das Lehrjahr erst im nächsten August. Also musste ich wohl oder übel die Zeit bis dahin mit einem Praktikum überbrücken. Mir schwante, dass das kein Spaß werden würde. Aber es ließ sich aufgrund der aktuellen häuslichen Stimmungslage nicht vermeiden. Ich lief also noch am selben Tag in der Firma ein.

Die lieben Kollegen hatten leider keine Chance bekommen, den Sohn vom Chef mit offenen Armen zu empfangen. Denn mein Vater hatte ihnen gerade noch rechtzeitig gesagt, dass ich in Sachen Schule ordentlich Scheiße gebaut hatte – und demzufolge keinerlei Privilegien im Vergleich zu den anderen Stiften bekommen sollte.

Das bedeutete, dass ich ab diesem Moment der Hilfsarbeiter Nummer Eins war, also der Betriebs-Muli für alle und für alles. Jeden Morgen um acht Uhr ging das Spielchen los: Mit einem bemerkenswerten Einfallsreichtum wurden mir die untersten Arbeiten, die in der Firma so anfielen, aufs Auge gedrückt: Container ausladen, Kartons auspacken, Lager einräumen. Autos waschen, Brotzeit holen. Lager ausräumen, Kartons einpacken, Container einladen. Der Standardspruch, den ich in diesen Wochen immer und immer wieder zu hören bekam, lautete: »Der nächste Lkw ist Deiner.« Und es gab komischerweise immer einen nächsten Lkw.

Der einzige Lichtblick während dieser Maloche waren die interessanten Typen, die tagtäglich in unserer Firma auftauchten: Schausteller! Sie holten stapelweise den ganzen Klimbim für ihre Buden ab. Ich beobachtete mit größtem Interesse das tägliche Geschacher auf unserem Hof, denn ohne minutenlanges Verhandeln ging da gar nix. Mit solchen Leuten müsste man doch irgendwie auch anderweitig ins Geschäft kommen können, dachte ich mir, als ich sie sah. Denn an ihren Armen prangten schwere goldene Uhren. Und sie fuhren wirklich die dicksten Schlitten, die Mercedes, BMW oder Audi zu verkaufen hatten.

Nach ein, zwei Monaten Schinderei durfte ich endlich auch mal raus. Manchmal war ich nun mit meinem Vater unterwegs. Meistens aber bin ich zusammen mit unseren Vertretern auf die Plätze mitgefahren. Dort versuchte ich, mir ganz langsam ein vollständiges Bild von dieser ganz eigenen Welt zu machen. Ich muss auch heute noch sagen, dass es mir eine Menge Respekt abnötigt, wie man in einer solch konjunktur- und wetterabhängigen Branche so viel Kies verdienen konnte, dass man sich eine Rolex und einen 450er Benz leisten konnte. Ich hätte mir zwar für mich selbst niemals vorstellen können, das halbe Jahr in einem Wohnwagen zu leben, von Kaff zu Kaff zu ziehen und jedes Mal ein paar Dorfjugendliche dazu zu animieren, ihrer Prinzessin eine Flasche Piccolo zu schießen. Aber das Milieu an sich begann mich zu faszinieren.

Immer, wenn ich also vor Ort war, sprach ich mit den Menschen. Ich stellte mich artig vor und wollte alles wissen: Woher sie kamen, wie die Geschäfte liefen, was als Nächstes anstand. Und peu à peu schaffte ich es sogar, dass ich mir in diesen im Grunde total abgeschotteten Kreisen einen gewissen Bekanntheitsgrad aufbaute.

Immerhin wurde ich für die Schufterei von meinem Vater relativ großzügig entlohnt: Als Ober-Hiwi bekam ich stattliche achthundert Mark im Monat. Ich wusste allerdings auch, dass sich die Asche ziemlich schnell wieder verflüchtigen würde. Denn mit dem Beginn meiner Ausbildung sollte ich nur noch dreihundert Mark Lehrgeld erhalten. So stand's im Tarifvertrag. Da gab's selbstverständlich keine Unterschiede zu den anderen Azubis. Und es half rein gar nix, dass ich enge Beziehungen zur Firmenleitung hatte.

Also musste ich mir dringend Gedanken über zusätzliche Einnahmequellen machen. Denn ich brauchte ja demnächst einen Führerschein und ein Auto. Und das Kölsch in meiner Lieblingskneipe gab's ja leider auch für Stammgäste nicht umsonst.

Glücklicherweise befanden sich unter all dem Plunder, den mein Vater importierte, auch immer wieder einige Lichtblicke. So fiel mir eines Tages ein Karton mit einem seltsamen Spielzeug in die Hände, das mir interessant erschien. Es handelte sich um einen Würfel, der aus einzelnen, kleinen Elementen bestand. Die Seiten trugen unterschiedliche Farben, und alle Ebenen konnten gegenseitig zueinander bewegt werden. Kurzum: In dem Karton waren detailgetreue Kopien des sogenannten Zauberwürfels, der Mitte der siebziger Jahre von einem ungarischen Professor Rubik erfunden worden war. Wie ein Tsunami schwappte die Zauberwürfel-Welle in jenen Tagen über Deutschland. Das ließ sich der Hersteller des Original-Modells natürlich bezahlen: Im Laden kostete das Teil stolze zwanzig Mark!

Ich dachte mir, dass die meisten Menschen sicher keinen Unterschied machen würden, welcher Hersteller dafür verantwortlich war, dass sie schlaflose Nächte damit verbrachten, an einem bunten Würfelchen herumzuschrauben. Und so zwackte ich mir mit Vaters Erlaubnis kurzerhand ein paar Dutzend von den Dingern ab. Ich überlegte mir, wo begabte Multiplikatoren am Start waren, die das angesagte Spielzeug nicht nur verticken, sondern auch ein wenig Reklame dafür machen konnten. Ich hatte eine Idee: Nirgendwo ging das besser als in einer Trinkhalle! Jener im Rheinland typischen Mischung aus Kiosk und Imbissbude, die auch nach Ladenschluss ein stattliches Sortiment an festen und vor allem flüssigen Nahrungsmitteln verkauft, die dann praktischerweise gleich vor Ort verzehrt werden können.

So klapperte ich nach Dienstschluss sämtliche Büdchen in der Umgebung ab und bot das begehrte Teil für fünf Mark an. Mein Plan ging auf: Manche kauften mir gleich zehn, fünfzehn Exemplare ab. Sie wollten die Dinger mit einem ordentlichen Aufschlag an ihre Klientel weiterverkaufen. So hatte am Ende jeder Beteiligte das Gefühl, einen guten Schnitt gemacht zu haben. Denn der Geiss'sche Zauberwürfel aus dem Reich der Mitte war auch für den Endkunden immer noch ein paar Mark billiger als der echte. Zudem war das Original in den Kaufhäusern oft ausverkauft, weil die Produktionsfirma der immensen Nachfrage zeitweise einfach nicht mehr nachkam. Aber meine Art der Vertriebspolitik gefiel mir. Die musste ich mir merken!

Nach knapp einem halben Jahr hatte die Plackerei als Depp vom Dienst dann erst mal ein Ende. Mein Vater bestand penibel darauf, dass ich den kaufmännischen Lehrplan einhielt, damit ich später mal ausreichend gerüstet wäre, um in seine Fußstapfen zu treten. Leider war damit aber auch verbunden, dass ich erneute Bekanntschaft mit einer Institution machen musste, die ich eigentlich nie wieder sehen wollte. Doch da gab's nichts zu deuten – für die Lehre musste ich auf die Berufsschule. Wir waren vierundzwanzig in der Klasse, die ganze Bandbreite, die der Kaufmannsberuf so hergab. Buchhalter-Typen, die bei irgendwelchen Banken die große Karriere machen wollten. Angehende Autoverkäufer. Oder Versicherungsvertreter, die schon im Sakko zur Schule kamen.

Anfangs fand ich die Geschichte nicht einmal so schlecht: Wir hatten Blockunterricht. Das bedeutete, dass wir immer für drei Wochen am Stück die Schulbank drücken mussten. Nach den vergangen sieben Monaten war ich echt froh, dass ich eine Zeitlang meinen geschundenen Rücken schonen konnte und keine zentnerschweren Kisten mehr schleppen musste. Doch meine spontane Begeisterung machte schnell wieder der Erkenntnis Platz, dass Schule und Robert Geiss einfach irgendwie nicht zusammenpassten.

Ich hatte einfach kein Durchhaltevermögen darin, meine Nase in Bücher zu stecken und zu büffeln. Zum Glück bekam ich vor der Abschlussprüfung Unterstützung. Ein Klassenkamerad versprach, mir bei den Aufgaben so gut es ging zu helfen. Im Gegenzug hatte er bei mir einen gut. Wir überlegten uns ein paar Tage vorher ein wasserdichtes System, das folgendermaßen aussah: Zunächst mussten wir es irgendwie hinbekommen, bei der Prüfung nebeneinander zu sitzen – und das natürlich nicht unbedingt in der ersten Reihe. Dann galt es, die dreißig Fragen eine nach der anderen abzuarbeiten und für die entsprechenden Antworten bestimmte Klopfzeichen zu vereinbaren.

Das sollte sich doch verhältnismäßig unauffällig bewerkstelligen lassen. So kam es dann auch: Wir saßen gemeinsam ganz hinten im Raum. Drei Antwortmöglichkeiten waren vorgegeben, und wenn mein Kumpel einmal mit seinem Kugelschreiber leicht auf den Tisch klopfte, kreuzte ich Antwort eins an. Zwei Mal Klopfen hieß Antwort zwei, drei Mal entsprechend Antwort drei. Immer lag er zwar auch nicht richtig. Aber am Ende landete ich bei einer schönen Zwei. Das ergab zusammen mit meinen anderen Ergebnissen die Endnote Drei! »Befriedigend« – das war es nicht nur für mich, sondern auch für meinen Vater. Ich war nun tatsächlich gelernter Groß- und Einzelhandelskaufmann. Das klang doch schon mal ganz gut.

»Setz Dir immer Ziele im Leben und versuche, diese Step by Step zu erreichen!«

Mein Vater bezahlte mich recht ordentlich. Und die Zusatzeinnahmen à la Zauberwürfel warfen auch ganz gut etwas ab. Doch leider durchkreuzte Vater Staat alle Pläne: An einem Tag im März fiel mir ein blauer Umschlag in die Hände, der dank des Wappens der Stadt Köln sehr offiziell aussah – und dessen Inhalt nix Gutes vermuten ließ. Klar, die Berufsschule war vorbei, das wussten die im Bonner Verteidigungsministerium sicherlich auch. Immerhin war gerade Kalter Krieg, und wenn Andropow seine Truppen plötzlich in Richtung Westen schicken sollte, brauchten die natürlich jeden Mann. Dass ich als aufstrebender Geschäftsmann gerade absolut unabkömmlich war, konnte weder der Herr Minister, noch unser Kreiswehrersatzamt wissen.

Wenige Wochen zuvor war ich gemustert worden. Im Vorfeld hatte ich mir zwar von ein paar schlauen

Kumpels wertvolle Tipps geholt, wie man im Idealfall vom Stabsarzt das Prädikat »Untauglich« bekommen könnte: am selben Morgen eine Schachtel Kippen nacheinander wegrauchen, bei Liegestützen unauffällig die Luft anhalten oder bei Antworten auf intime Fragen irgendwelche Zuckungen vortäuschen. Aber was in der Theorie prima funktioniert hat, das funktionierte bei Robert Geiss in der Praxis leider überhaupt nicht. Ich wurde ohne große Diskussionen für tauglich befunden.

Allerdings hatte ich diese Tatsache verdrängt. Jetzt ging das nicht mehr! Ich öffnete also den besagten blauen Brief. »Sehr geehrter Herr Geiss«, hieß es dort, »Sie werden gemäß Paragraph Fünf, Absatz Eins Wehrpflichtgesetz in das Luftwaffenausbildungsregiment Vier in Ulmen zugeteilt.«

Ulmen! Das lag ja mitten in der Sackeifel! Schlimmer konnte das gar nicht kommen. Dass die Eifel-Maar-Kaserne, die für die nächsten Monate mein Zuhause werden sollte, nur rund hundert Kilometer von Köln entfernt lag, tröstete mich nicht. Was nützte es mir, wenn ich die Strecke am Wochenende zwar auf einer Arschbacke runterrutschen konnte, ich von Montag bis Freitag aber dort in der tiefsten Provinz bleiben musste? Ich las das Schreiben sicherheitshalber noch einmal durch. Aber am Inhalt änderte sich nichts: Fünfzehn Monate verschenkte Lebenszeit lagen vor mir. Ich fasste es nicht. Ich musste mir dringend etwas einfallen lassen.

Ein Bekannter, der seine Zeit beim Bund schon ein paar Jahre hinter sich hatte, bemerkte ein paar Tage später meine Frustration. Er versuchte mir Mut zu machen, indem er mir erzählte, dass es auch im Nachhinein ein paar Möglichkeiten geben würde, aus der Nummer beim Militär wieder rauszukommen. Eine davon war, einen auf Lala zu machen. Also einen kleinen Schaden im Oberstübchen vorzutäuschen. Das aber konnte ich mir nicht vorstellen. Dazu war ich dann doch zu normal.

Die augenscheinlich rettende Idee lag vielmehr in einem Passus, den das vom Gesetzgeber ausgefeilte Wehrpflichtgesetz in einem kleinen Unterabsatz enthielt: Bei einer sogenannten »Unzumutbarkeit des Soldaten für die Truppe« würde von einer Ableistung des Wehrdienstes abgesehen werden, erzählte mir mein Freund. Die Regelung hatte ihren Ursprung noch in der Nazi-Zeit, weil die braune Bande so verhindern wollte, dass einzelne subversive Elemente die ganze schöne Wehrkraft zersetzten. Nur dass die Sanktion früher wohl eine andere war. Wie auch immer: Unzumutbar zu sein, das würde mir doch irgendwie gelingen. Ich wusste auch schon, wie.

Mein Vater wollte sich aufgrund seines ganzen Stresses, den er als Chef hatte, auch mal etwas gönnen! Und so gönnte er sich einen 500er Mercedes, aufgemacht von AMG, mit Front- und Heckspoiler, Breitreifen und einer Soundanlage, die eine ganze Prunksitzung beschallen hätte können. Das Teil war so ziemlich das Dickste, was man in den Achtzigern über den Asphalt steuern konnte und stellte Kfz-mäßig fast alles in den Schatten. Der eigentliche Knüller war aber, dass Vater sich zu Werbezwecken einen Außenlautsprecher einbauen hatte lassen, so dass man bequem vom Benz aus mit den Umstehenden kommunizieren konnte.

Ich lieh mir die Kiste kurzerhand aus. Ich war mir sicher, dass für einen Stabsfeldwebel ein Grundwehrdienstleistender in einem Auto für hunderttausend Mark bestimmt unzumutbar sein würde. Sonntagnachmittag vor Dienstantritt fuhr ich also mit dem Schlitten meines alten Herrn vor der Eifel-Maar-Kaserne vor und aktivierte den Außenlautsprecher:

»Flieger Geiss meldet sich zum Dienst.«

Das klang zackig! Den Ton, der hier herrschte, hatte ich schon mal drauf.

Das Tor öffnete sich aber nicht. Also versuchte ich es wieder.

»Flieger Geiss meldet sich zum Dienst«, schallte es aus dem Kühlergrill.

Tatsächlich ging daraufhin die Einfahrt auf. Der Diensthabende im Wachhäuschen schüttelte den Kopf. Er sagte kein Wort, als er meine Unterlagen kontrollierte und mich passieren ließ. Ich jubelte innerlich: Ein derart unverschämtes Verhalten würde sich bestimmt schnell bis ganz nach oben herumsprechen und jede Menge Ärger nach sich ziehen. Und meine Entlassung!

Um aber endgültig sicherzugehen, dass mich die Vorgesetzten schnell für einen Idioten hielten, der den Rest der Truppe nur auf dumme Gedanken brachte, beschwerte ich mich darüber hinaus täglich lauthals über das Essen in der Kantine.

»So einen Fraß können die uns hier nicht vorsetzen«, meckerte ich, als ich die erste Kelle Kartoffelpüree aufs Tablett geklatscht bekam. »Das ist doch Scheiße! Lasst uns hier verschwinden und irgendwohin gehen, wo's was Anständiges gibt, Männer«, sagte ich zu meinen Kameraden, die natürlich gerne mitgingen.

Die folgenden Tage sind wir dann stets nach Dienstschluss um Punkt Fünf immer schön zum Essen nach Ulmen getingelt und haben es uns auf meine Kosten gut gehen lassen. Um halb Zehn bin ich dann mit meiner kompletten Stube im Schlepptau im Mercedes meines Vaters wieder an der Kaserne vorgefahren und habe uns per Außenlautsprecher zurückgemeldet. Das ging über eine Woche lang so. Aber nichts tat sich. Auf Dauer wollte ich aber auch nicht Mister Zahlemann und Söhne für den ganzen Haufen spielen, zumal die Jungs jedes Mal gefressen und gesoffen haben, als ob es kein Morgen gegeben hätte. Das war also auch nicht der Masterplan.

Schon nach kurzer Zeit fühlte ich mich wirklich wie im Knast. Dabei hatte ich gar nix angestellt. So konnte das unmöglich weitergehen. Ich ging zum Unteroffizier meines Vertrauens und klagte ihm mein Leid.

»Ich kann das hier nicht«, sagte ich. »Ich habe nichts verbrochen und werde hier eingesperrt. Ich muss hier raus, sonst dreh' ich durch.«

»Flieger Geiss, stellen Sie sich nicht so an«, bellte der Uffz zurück. »Kleiner Lagerkoller. Normal am Anfang. Geht vorbei.«

»Sie verstehen mich nicht«, antwortete ich. »Ich dreh' hier wirklich am Rad. Am Ende hau' ich einfach ab oder tu' mir was an, wenn ich hier eingesperrt bleibe!«

Der Uffz wurde nun etwas hellhöriger.

»Wie meinen, antun? Reden Sie keinen Quatsch, Flieger. Und jetzt treten Sie mal weg und legen sich hin. Das wird schon.«

Am nächsten Morgen passierte erstmal nichts. Doch meine Einlassung hatte offenbar Wirkung gezeigt. Einen Tag später bekam ich die Meldung, dass ich mich zur näheren Begutachtung umgehend im Sanitätsbereich einfinden sollte. Klar, dachte ich: Wenn sie was nicht leiden können beim Bund, dann sind das irgendwelche Weicheier, die sich mit der Dienstwaffe in einem schwachen Moment die Rübe wegballern und ihnen das Image von Heldentum und Abenteuer versauen.

Natürlich haben die Herren Doktoren auch nach eingehender Begutachtung absolut nix bei mir gefunden! Organisch war ich vollkommen gesund. Aber sie wollten sichergehen, ob ich nicht doch einen Hau weghabe. Deswegen kam ich am Tag darauf ins Bundeswehrkrankenhaus nach Koblenz.

Die Ärzte in der Lala-Burg überprüften mich acht-undvierzig Stunden lang nach allen Regeln der Kunst. Ich machte einen auf depressiv und jammerte her-um, wie schlecht es mir seit meinem Dienstantritt in Ulmen doch ginge. Aber angesichts der anderen Kali-ber, die dort in der Neurologie herumliefen, war ich ein kleiner Fisch. Vor allem war ich völlig klar in der Birne! Die meisten Kameraden, die es hierher ver-schlagen hatte, hatten zumindest eine Granate ge-köpft oder waren traumatisiert und brüllten im Schlaf. Logisch, dass Mediziner, die sich vorwiegend mit sol-chen Fällen befassten, sich von einem Simulanten wie mir nicht täuschen ließen. Ihre Taktik, mich wie-der loszuwerden, war wahrscheinlich schon zig Mal an ähnlichen Hanseln erprobt worden:

»Flieger Geiss, wir können nichts finden. Aber um sicherzugehen, müssen wir Sie zwei Wochen zur Beobachtung hierbehalten«, sagte der Oberarzt. Das klang erst mal ja eigentlich nicht schlecht, fand ich.

»Ich lasse Sie dann in die geschlossene Abteilung verbringen.«

Das klang wiederum nun schlecht. Zwei Wochen in der Geschlossenen? Ich hatte vor meiner Einliefe-rung von dieser Abteilung wenig Erbauliches gehört. Der Name kam nicht von ungefähr. Wenn man drin war, war man drin. Und wer weiß, ob ich nach vier-zehn Tagen unter lauter Irren dann nicht wirklich noch selber einen Treffer bekam. Außerdem konnte ich dann auch zwei Wochenenden in Folge nach Köln fahren. Das ging gleich gar nicht!

»Es sei denn...«, sagte der Arzt, »es sei denn, Sie wollen doch lieber zurück zur Truppe.«

»Jawohl, Herr Generalarzt«, sagte ich. »Ich denke, es geht schon.«

Am nächsten Morgen packte ich meine Sachen zusammen und rückte wieder in Ulmen an.

Drei Wochen lang riss ich mich am Riemen und absolvierte die Grundausbildung, so gut es ging. Ich lernte Dinge wie das korrekte Antreten und Marschieren, die verschiedenen Dienstgrade oder das richtige Melden an einen Vorgesetzten. Das ganze spielte sich ausschließlich in einem trostlosen Hörsaal ohne Tageslicht ab und war eine ziemlich theoretische Angelegenheit. Kurzum: Ich langweilte mich zu Tode.

In der Folgezeit ging ich in meiner schieren Verzweiflung ein paar Mal stiften. Selbstverständlich bekam ich zu allem Überfluss deshalb ein Disziplinarverfahren. Ich wurde zum Heer nach Andernach strafversetzt. Die dortige Krahnenberg-Kaserne war einst das berüchtigte »Luftwaffenlazarett I/XII Hermann Göring«. Sie hatte den Spitznamen »Barackenlager«, weil es die erste Kaserne war, die der alte Adenauer nach dem Krieg wieder aufgesperrt hat. Genauso wie zu Görings unseligen Zeiten sah es dort auch Anfang der Achtziger noch aus.

Noch mehr Ärger konnte ich mir hier wirklich nicht leisten. Zu allem Überfluss trugen natürlich sämtliche Soldaten dort raspelkurze Frisuren und ein schnittiges Barett. Ich dagegen versuchte, meine zuvor noch gerade so geduldete Mähne zu verstecken. Das half allerdings nichts: Der erste Befehl, den ich in Andernach entgegennahm, lautete, mir gefälligst die Haare schneiden zu lassen.

Meine Vorgesetzten hatten den ganzen Zinnober mit dem Disziplinarverfahren natürlich mitbekommen. Also hatten sie sich für mich etwas ganz Besonderes einfallen lassen: eine Stelle im Bereich »Dezentrale Beschaffung«. Vom Abenteuer-Feeling her glich das ungefähr einem Posten in einer AOK-Geschäftsstelle.

Diese Abteilung hatte die Aufgabe, alles, was im Depot nicht vorrätig war und unvorhergesehen gebraucht wurde, möglichst schnell zu besorgen: vom Aspirin bis zur Kloschüssel. Was im Grunde eine Strafaufgabe sein sollte, entpuppte sich für mich schnell als Glücksfall. Denn Dinge beschaffen, das konnte ich! Die neue Aufgabe brachte es mit sich, dass ich bald mit vielen wichtigen Leuten in Kontakt kam. Und nach ein paar Wochen bekam ich ein Gespür dafür, wem man womöglich auch Sachen aus meinem beziehungsweise Vaters Repertoire andrehen konnte: Sonnenbrillen, Uhren und Klamotten zum Beispiel. Meine Stammkundschaft, die sich regelmäßig eindeckte, reichte vom Unteroffizier bis zum Feldwebel.

Dadurch bekam ich trotz meines Sündenregisters einige Privilegien. Das wichtigste war, dass ich nun doch wieder abends nach Dienstschluss nach Köln fahren durfte. Die einzige Bedingung lautete, dass ich morgens um 6.30 Uhr wieder im Barackenlager anzutreten hatte. Und wenn ich mal zum Wacheschieben eingeteilt war, fand ich meistens jemand, der mir für fünfzig Mark den Dienst abgenommen hat.

Insgesamt blieb ich zehn Monate in Andernach. Als der Tag des Abschieds gekommen war, fühlte ich mich trotzdem ein wenig sentimental. Deshalb beschloss ich, das Ende unserer Dienstzeit noch ein letztes Mal ausgiebig zu feiern. Und wie das so ist, wenn ein paar Männer und einige Kisten Bier im Spiel sind, ging das Ganze nicht ohne Kollateralschaden ab. Am Ende unseres Vaterlandsdienstes hatte unsere Stube also eine kaputte Stubentür und zwei zerbrochene Fenster zu Buche stehen. Am folgenden Morgen bezifferte der diensthabende Uffz den Schaden auf stattliche dreitausend Mark.

»Solange die nicht bezahlt sind, verlässt hier keiner die Kaserne, verstanden?«, brüllte er in unsere verkaterten Gesichter.

Wir schauten uns stumm an. Ich wusste, dass keiner meiner Kumpels auch nur annähernd so viel Geld auf der hohen Kante hatte. Also musste wohl oder übel mal wieder ich ran. Denn ich wollte unbedingt an diesem Nachmittag endgültig nach Hause – und

mich wieder den wirklich wichtigen Dingen in meinem Leben widmen. Das Ende vom Soldatenlied war
also, dass ich die drei Mille alleine auf den Tisch gelegt habe und somit meinen Wehrdienst auch noch
mit einer nicht unerheblichen und vor allem außer-
planmäßigen Ausgabe abschloss.

***

So bescheuert diese Zeit auch unter dem Strich gewesen ist – ich erweiterte immerhin mein Netzwerk um
viele Kameraden und verdiente mir dadurch ganz
ordentlich was dazu. Und ich habe gelernt, zu im-
provisieren. Ich bin sicher, dass ich ohne diese Erfahrung alles, was danach kam, anders angegangen wäre.
Wenn Euch also mal jemand Steine vor die Füße
schmeißt, die sich beim besten Willen nicht wegräu-
men lassen – überlegt Euch, wie Ihr drumherum laufen könnt. Einen Ausweg gibt es immer, selbst wenn
es mal keine Abkürzung sein sollte!

6. »Erst die Arbeit, dann das Vergnügen« – *Carmen*

Bis jetzt haben wir eigentlich nur von kleineren und größeren Problemchen gesprochen und von den schwierigen ersten Schritten im Big Business. Vielleicht wundert sich darüber der ein oder andere, denn wer uns sieht, der denkt wahrscheinlich, dass wir vor allem wissen, wie man feiert. Und das stimmt natürlich auch. Selbst, wenn es jetzt vor allem die Geburtstagspartys unserer Töchter sind, auf denen wir »Alten« dann halt ebenfalls unseren Spaß haben. Früher aber haben wir es doch etwas lauter krachen lassen als heute. Klar, wir hatten noch keine Kinder, und deshalb war es natürlich kein größeres Problem, auch mal erst am frühen Morgen nach Hause zu kommen. Aber wie heißt es doch so schön? Erst die Arbeit, dann das Vergnügen! Das galt für uns beide genauso wie für die allermeisten anderen Menschen, die einen anstrengenden Job haben. Doch der Reihe nach ...

Lustigerweise haben Robert und ich uns überhaupt erst auf einer Feier so richtig kennengelernt, an Silvester nämlich. Ein gemeinsamer Bekannter von uns, dessen Familie im wahrsten Sinne des Wortes mit Schrott richtig viel Kohle scheffelte, hatte zu einer großen Fete in seine sturmfreie Bude oder besser gesagt: in die sturmfreie Villa seiner Eltern geladen. Ich wollte erst gar nicht hingehen, ließ mich aber von einer Freundin überreden, mit ihr zusammen dort aufzuschlagen. Robert war, was ich nicht wusste, mit ein paar Jungs aus seiner Clique ebenfalls dort. Ich hatte ihn zuvor ein paar Mal beim Ausgehen gesehen, und er war mir von Anfang an aufgefallen. Mehr als »Hallo« zu sagen, lief bis dahin zwischen uns aber leider nicht!

Der Abend schien schnell zu einem gehörigen Reinfall zu werden. Ich hatte das zweifelhafte Vergnügen, einen sehr penetranten und zu allem Überfluss auch noch immer betrunkener werdenden Verehrer an der Backe zu haben, was mich tierisch nervte. Ich wollte schon die Biege machen, da bemerkte ich, dass sich Robert um meinen angeschlagenen Rosenkavalier kümmerte. Allerdings nicht gerade in der Art, die einer Frau gefallen würde. Im Gegenteil: Er versuchte, den beleidigten Nachwuchs-Casanova zu beruhigen, indem er mich schlecht machte! Aus einigen Metern Entfernung bekam ich nicht alles mit, was Robert in seiner Rolle als Seelentröster über mich sagte, aber doch genug, um zu merken, dass es nicht sehr nett war. Kurz darauf stellte ich ihn zusammen mit meiner Freundin zur Rede.

»Was soll denn das?«, fragte ich ihn.

»Du hast meinen Kumpel verarscht«, herrschte er mich an. »Mit Dir will ich nix zu tun haben!«

Ich war tierisch sauer und auch traurig, denn erstens konnte ich ja nichts dafür, dass sich der Typ derart hineingesteigert hatte. Und zweitens gefiel mir dieser schneidige Geiss einfach, was er nun gerade mit seiner ruppigen Art kaputtzumachen drohte. Meine Freundin bemerkte meine Enttäuschung und schritt energisch ein.

»Sag mal, Du Tuppes, merkst Du eigentlich nicht, dass Carmen auf Dich steht?«, sagte sie zu ihm, was mir allerdings in diesem Moment nicht besonders recht war.

Bevor ich das Ganze relativieren konnte, schien Robert jedoch zu begreifen, dass er sich daneben benommen hatte, denn sein Blick wurde plötzlich sanfter und er entschuldigte sich bei mir. Meine Freundin ließ uns alleine, und wir plauderten ein wenig. Er war ja doch nett, sehr nett sogar. So nett, dass mein Herz ganz schön am Klopfen war. Blöd nur, dass die Atmosphäre auf der Feier inzwischen nicht mehr ganz so entspannt war, weil mein erfolgloser Verehrer einen ziemlichen Terz machte. Robert und ich fühlten uns plötzlich irgendwie nicht mehr wohlgelitten. Deshalb ließ ich mich überreden, mit zu ihm nach Hause zu fahren.

»Lass uns hier abhauen. Die Party ist eh scheiße«, sagte er.

Ich wollte nach dem ganzen Zinnober einfach nur meine Ruhe und vielleicht auch ein bisschen alleine mit ihm sein. Also stimmte ich zu.

»Okay, dann schlafe ich heute bei Dir«, sagte ich, und so meinte ich das auch. Anscheinend hatte er mir aber nicht genau zugehört, denn das Wörtchen »bei« hat meiner Meinung nach eine komplett andere Bedeutung als das Wörtchen »mit«. Als wir also »bei« ihm beziehungsweise im Haus seiner Eltern angekommen waren, fuhr der gute Herr Geiss plötzlich sein ganzes Repertoire an Verführungskünsten auf: Er dimmte das Licht so weit runter wie es nur ging, schenkte uns zwei Gläser Asti ein und legte eine Platte von Howard Carpendale auf. Aus den Lautsprechern dudelte »Deine Spuren im Sand« und »Hello Again«. So viel Romantik musste dann doch ein Stückweit belohnt werden, dachte ich mir, und wir küssten uns.

Es war bis dato der schönste Kuss meines Lebens, und er hätte ewig dauern dürfen, wenn's nach mir gegangen wäre! Aber Robert fing an, jetzt richtig heißzulaufen. Er schraubte an meinem BH herum und versuchte alles, um mich ins Bett zu bekommen. »So leicht kriegst Du mich nicht«, dachte ich mir nur und wehrte alle Annäherungsversuche rigoros ab. Irgendwann ist der arme Kerl schließlich vor Erschöpfung eingeschlafen. Ich legte mich mit meiner noch immer angezogenen Jeans und dem T-Shirt neben ihn und war einfach nur glücklich. Seitdem sind wir zusammen.

Kein Wunder also, dass diese Silvesterfeier bis heute sicherlich die Party ist, an die ich mich am liebsten erinnere. Aber damals waren wir ja auch noch Teenager, und alles fühlte sich sowieso viel unbeschwerter an als in den folgenden Jahren. Mit Roberts zunehmendem Stress wurden die Anlässe, zu denen wir um die Häuser hätten ziehen können, erstmal immer weniger. Es ging ja kurz darauf schon los mit seiner Lehre in der Firma seines Vaters. Sein Ehrgeiz trieb ihn an, immer mehr zu erreichen, weshalb für das Dolce Vita keine Zeit blieb. Der einzige Luxus, den wir uns leisteten, war schön zu wohnen.

»Das ist der Burner, sag ich, wenn mir was gefällt.«

Wir waren nach ein paar Jahren unseres Zusammenseins schon mehrfach umgezogen: Von unserem ersten, noch eher bescheidenen, gemeinsamen Zuhause mitten in Köln ging's in eine kleine Etagenwohnung in einem Mehrfamilienhaus ein paar Kilometer außerhalb der Stadt, das Roberts Vater gekauft hatte, weil er wollte, dass die ganze Familie unter einem Dach zusammenlebte. Aber was sich in der Theorie noch ganz charmant anhörte, funktionierte in der Praxis irgendwie nicht so richtig. Robert kam sich immer ein bisschen kontrolliert vor, und deshalb beschlossen wir, uns bald wieder etwas Neues zu suchen.

Von dort aus ging es weiter in eine schicke Dreizimmer-Dachgeschoss-Wohnung, die wir uns kauften und in der unser ganzer Stolz eine kombinierte Bar-Küche war, die eigentlich von Ikea stammte, aber von einem Schreiner eigens für uns umgestaltet worden war. Wir waren beide zu jener Zeit große Fans von *Miami Vice,* und aus diesem Grund hatten wir auch die ganze Bude komplett umgebaut und ganz in diesem Stil eingerichtet: Dank des weißen Marmors, den wir überall verlegen ließen, sah es bei uns wirklich so aus, als würde jeden Moment Sonny Crockett zur Tür hereinmarschieren.

Doch auch hier wurden wir nicht richtig heimisch, vor allem, weil die Wohnung eine Ecke zu weit von Roberts neu gebauter Firmenzentrale entfernt lag. So verließen wir auch unser drittes Domizil nach nicht allzu langer Zeit wieder. Dafür hatten wir – gerade mal fünf Minuten vom Betrieb entfernt – eine Bleibe gefunden, die unseren damaligen Träumen voll und ganz entsprach: ein Haus, ein wirklich fettes Haus! Von außen sah das Gebäude mit seiner Ziegelfassade völlig unspektakulär aus, und auch das Grundstück maß nur zweihundert Quadratmeter. Innen aber hatte das Ding doppelt so viel Fläche und war der absolute Burner! Der Vorbesitzer hatte überall weißen Carrara-Marmor verbauen lassen, es gab große Freitreppen, einen Partykeller und sogar einen Wellness-Bereich mit einem Fitnessraum und einem Whirlpool.

Für die Nachbarn in der Siedlung waren wir zu Anfang alles andere als standesgemäß: Wir waren gerade mal Mitte zwanzig – und konnten uns eine

solche Villa leisten! Für die verschreckten Leute mussten wir wahrscheinlich die Anführer eines internationalen Drogenkartells oder dergleichen sein. Erst nach
und nach schafften wir es, die anderen Anwohner
davon zu überzeugen, dass wir lediglich eine gut
gehende Textilfirma besaßen und niemand davor
Angst zu haben brauchte, dass in unserer Straße
irgendwann eine Schießerei stattfand.

Ansonsten bestand unser Leben aber nur noch aus
arbeiten, essen, schlafen, arbeiten. Wenn überhaupt,
dann lag es an mir, mal für Abwechslung zu sorgen.

Kurz nach dem Einzug stand Roberts fünfund-
zwanzigster Geburtstag vor der Tür. Wir waren schon
wochenlang nicht mehr ausgegangen, und auch für
diesen Abend wollte er einfach nur, dass ich für ihn
koche und danach mit ihm auf dem Sofa liege. Ich
beschloss jedoch, hinter seinem Rücken eine große
Feier für ihn zu organisieren, obwohl wir aus Zeit-
gründen kaum noch Freunde hatten, mit denen wir
uns regelmäßig trafen. Also kramte ich unser altes
Adressbuch heraus und rief praktisch jeden an, der
irgendwie noch etwas mit uns zu tun hatte. Auf diese
Weise trommelte ich über zwanzig Leute zusammen
und lud sie ein. Dazu bestellte ich ein üppiges Buffet
mit allem Drum und Dran bei Kölns teuerstem Fein-
kostgeschäft. Ich ließ einen Ferrari in Kuchenform
anfertigen. Und ich engagierte einen DJ sowie einen
singenden Transvestiten, damit die Party einen kleinen, schrägen Showmoment bekam.

An jenem Abend kam Robert wie üblich relativ spät nach Hause und hatte von all dem Trubel, der da auf ihn wartete, keine Ahnung. Er sperrte die Tür auf, hinter der ihn eine laute Meute mit großem Hallo empfing. Am Anfang erschrak er und schimpfte noch ein bisschen, doch nach kurzer Zeit wirkte er endlich mal wieder richtig gelöst. Die Feier stieg in unserem Wellness-Raum, wobei der Whirlpool mit einer Sperrholzplatte abgedeckt war und als Bühne diente, während das Buffet auf Waschmaschine und Trockner aufgebaut war. Ich war so stolz auf ihn und auf meine Idee, dass ich mir kurzentschlossen das Mikro schnappte und Whitney Houstons »I'll always love you« für ihn sang, das damals gerade die absolute Nummer Eins in den Charts war. Als ich fertig war, hatte mein sonst so harter Robert tatsächlich Tränen in den Augen. Schade, dass ich ihn heute mit meinen Gesangskünsten nicht mehr so begeistern kann. Aber damals war das ein rundum gelungener Abend. Und vor allem die absolute Ausnahme. Selbst unsere Hochzeit in Las Vegas zelebrierten wir im Rahmen eines Foto-Shootings für den neuen Uncle Sam-Katalog! Aber was für einem – es war das Shooting meines Lebens!

Ehrlicherweise muss ich vorausschicken, dass ich Robert mehr oder weniger zur Hochzeit gezwungen hatte. Eines schönen Nachmittags nämlich saßen wir zusammen bei einem Italiener in Pulheim, und ich war wegen einer neuerlich erlittenen Fehlgeburt ziemlich verzweifelt. Wenn schon das mit dem Kinderkriegen nicht klappte, so wollte ich doch zumindest ein stabiles Familienkonstrukt haben!

»Entweder Du heiratest mich, oder wir trennen uns«, sagte ich unter Tränen beim Essen zu ihm.

»Dann heirate ich Dich«, sagte Robert. »Aber das machen wir schön in Las Vegas!«

Robert wollte ohnehin Aufnahmen im Monument Valley erstellen lassen, wo er schon einmal Bilder für einen früheren Katalog machen ließ, weil es ihm die gigantische Kulisse so sehr angetan hatte. Und ich stimmte ihm zu, dass Vegas genau der richtige Ort wäre, wo sich zwei so Verrückte wie wir das Ja-Wort fürs Leben geben sollten.

»Und wie willst Du Deine künftige Frau am liebsten sehen?«, fragte ich ihn noch – und hoffte auf eine Antwort, die es mir ermöglichen würde, ein echtes Prinzessinnenkleid zu tragen.

»Na, wenn Du mich so fragst – dann in Strapsen«, antworte er und lachte.

Wenige Wochen später war es dann soweit. Die Aufnahmen im Valley waren im Kasten, und wir hatten uns für ein paar Tage ins Treasure Island eingebucht, das damals gerade neu eröffnet worden war. Das Teil war ein absolutes Mega-Hotel mit fast dreitausend Zimmern und einer irren, allabendlichen Piraten-Show. Ein Bekannter von mir, der in Köln selbst ein Hotel besaß, hatte sich nebenher auf die Organisation außergewöhnlicher Reisen spezialisiert und uns für unser kleines Vorhaben das volle Programm gebucht. Ich freute mich auf den großen Tag.

An jenem 30. Oktober 1994 wurden wir wie geplant am Vormittag in einer Stretch-Limo vom Hotel abgeholt und vor das Courthouse gefahren. Dort erledigten wir schnell die Formalitäten, denn ohne die offizielle Unterschrift eines amerikanischen Standesbeamten war der ganze Zinnober in Deutschland gar nicht gültig! Danach ging's erst wieder zurück ins Hotel, wo ich die nächsten Stunden damit beschäftigt war, mich dem Anlass entsprechend aufhübschen zu lassen. Roberts Spruch aus Pulheim hatte ich dabei nicht vergessen: Ich zog mir eine wirklich sündhafte Korsage an und ein eher langweiliges Sommerkleid darüber. Dann, am frühen Abend, fuhren wir getrennt in die kleine Kapelle, die über und über mit Blumen ausgelegt war. Mehr Kitsch ging eigentlich nicht.

Robert musste drinnen warten, während ich draußen das spießige Kleid ablegte, das er kannte. Zu den Klängen von Natalie Coles »Unforgettable« schritt ich in die Kapelle ein. Vor mein eher luftiges Outfit hielt ich ein üppiges Blumenbukett, das ich irgendwann natürlich ablegte. In diesem Augenblick bekam mein künftiger Gatte regelrechte Maulsperre. Er war gerührt und gleichzeitig verdattert – so habe ich ihn nie wieder gesehen! Ich hatte ihm seinen nicht ganz

ernst gemeinten Wunsch erfüllt – und Strapse ange-
zogen.

»Das hat sich doch gelohnt«, dachte ich.

Ein netter Pfarrer führte die Zeremonie durch, die
eine Dolmetscherin auf Deutsch übersetzte, und ein
professioneller Kameramann nahm für uns alles auf
Video auf. Die einzigen Gäste waren ein paar Leute
aus unserem Team. Es war perfekt. Das passte einfach zu uns. Auf dem Weg zurück aus der Chapel zog
ich mir mein Kleid nicht mehr über, und ich bekam
deshalb noch einige Heiratsanträge.

»Zu spät«, schmunzelte ich.

Das Abendessen fand im Bacchanal Palast statt.
Dort herrschte eine Atmosphäre wie am Hof des
römischen Kaisers. Es liefen sogar weiß gewandete
Frauen mit Reben voller Weintrauben herum. Als
alles vorbei war, kippten wir erschöpft auf das riesige
Bett in unserem Zimmer. Natürlich hatte mein
Freund auch hier ganze Arbeit geleistet und für uns
die Hochzeitssuite reserviert. Sie war locker hundertfünfzig Quadratmeter groß und lag im 36. Stock des
Treasure Island, doch wir konnten den Blick nicht
mehr genießen: Wir waren zu müde!

»Wir geht es Dir, Frau Geiss?«, fragte Robert mich
noch bevor er einschlief.

»Gut«, sagte ich. »Einfach gut.«

Am nächsten Morgen mussten wir verdammt früh
raus – um das Geschenk unserer Produktionsfirma
einzulösen: einen Helikopter-Rundflug über den

Grand Canyon inklusive eines Champagner-Früh-stücks, das vorwiegend aus trockenen amerikanischen Cookies bestand. Immerhin lockte das karge Mahl ein paar Streifenhörnchen an, so dass wir ein paar possierliche Gäste zu unserem ersten Frühstück als Ehepaar begrüßen konnten.

Natürlich haben wir nach unserer Rückkehr doch noch eine kleine Sause für unsere Freunde ausgerichtet, aber danach hatte es sich schon wieder ausgefeiert! Das änderte sich erst wieder, nachdem Robert im Jahr 1995 seine Firma verkauft hatte. Zuvor hatte praktisch alles, was wir unternahmen, mit dem Betrieb zu tun, selbst unsere Urlaube verbrachten wir zusammen mit unseren Geschäftspartnern.

Nach den monatelangen, nervenaufreibenden Verhandlungen mit den neuen Eigentümern von »Uncle Sam« fiel eine riesige Last von Roberts und damit auch von meinen Schultern. Um nicht doch noch wegen des Verkaufs schwermütig zu werden oder in ein Loch zu fallen, beschloss er noch an dem Tag, an dem er in der Firma nicht mehr gebraucht wurde, mit mir im Auto nach Monaco zu düsen. Wir waren schon vorher mal dagewesen und hatten uns eine Wohnung ausgeguckt, die wir nun zusammen einrichten wollten. Also mieteten wir uns kurzerhand ins berühmte Hotel de Paris ein, das direkt gegenüber dem Spielcasino liegt. In den folgenden Tagen machten wir uns in der Umgebung auf die Suche nach Möbelhäusern und Elektromärkten und kauften alles, was man für eine Wohnung so eben braucht. Abends ließen wir es uns dann richtig gut gehen.

Von da an haben wir fünf, sechs Jahre lang wirklich auf die Kacke gehauen! Unmittelbar nach der Wohnung, noch in der gleichen Woche, fanden wir ein wunderschönes Haus in St. Paul de Vence, das wir uns quasi als Wochenend-Domizil ausgeguckt hatten. Die Sonne schien für uns beinahe an jedem Tag, tatsächlich und im übertragenen Sinn. Wir gingen aus bis zum Morgengrauen und feierten rauschende Feste in unserem Garten. Der Schampus floss manchmal in Strömen, und wir hatten keine Sorgen mehr und keinen Stress.

Doch wie das so ist: Irgendwann wird selbst das schönste Leben langweilig – und durchaus auch gefährlich, wenn man nicht rechtzeitig auf die Bremse tritt. Bei uns war die Geburt von Davina die Bremse. Wenn Du Verantwortung für ein Kind übernehmen musst, dann kannst Du nicht mehr um die Häuser ziehen und bis zum Sonnenaufgang durchtanzen. Im Nachhinein betrachtet hätte ich das alles auch gar nicht länger haben wollen, keinen einzigen Tag!

Dass sich dadurch die Maßstäbe verschoben haben und wir uns partymäßig, wenn überhaupt, für unsere Töchter ins Zeug legen – das ist schon gut so. Irgendwo in der Bibel steht der schlaue Spruch: »Alles hat seine Zeit«, und genauso ist es auch. Wir haben definitiv unsere Zeit gehabt für jede Menge Halli-Galli.

Das war eben der Ausgleich für all den Trouble und die Entbehrungen in den Jahren davor.

***

Was ich in diesem Zusammenhang ganz wichtig finde ist, dass man sich manche Dinge erst erarbeiten muss, um sie richtig genießen zu können. Wir haben im Lauf der Zeit genug Menschen kennengelernt, die im Hauptberuf zum Beispiel in erster Linie Erben waren. Doch es ist ganz selten, dass so jemand wirklich Maß und Ziel behält. Und irgendwann ist selbst das größte Erbe verprasst. Man glaubt oft gar nicht, wie schnell so etwas gehen kann. So etwas könnte uns Geissens wirklich nie passieren. Dafür war die Arbeit vor dem Vergnügen einfach zu anstrengend!

7. »Such Dir das Auto aus, in dem am meisten Benzin ist« –
Robert

Carmen hat vom Grundsatz her natürlich vollkommen recht. Man muss seine Kohle schon zusammenhalten. Auch und gerade, wenn man viel davon hat. Nur: Sparen alleine macht nicht glücklich. Denn ab und zu macht Geld ausgeben einfach viel zu viel Spaß! Ich meine: Was nützt einem der ganze Schotter, wenn man irgendwann mit einem Herzinfarkt vom Sessel rutscht?

Ein Beispiel: Neulich habe ich gelesen, dass die Mega-Yacht von Steve Jobs fertig ist. »Venus« heißt das schicke Teil. Es ist achtzig Meter lang und wird angeblich außer von einem Kapitän aus Fleisch und Blut noch von sieben Macs gesteuert. Nur: Durch die Karibik gecruised ist der gute Mister Jobs damit leider nicht mehr. Bekanntlich ist der Apple-Gründer im Jahr 2011 gestorben. Er hatte einfach zu lange gewartet, bis er seinen Lebenstraum verwirklicht hat.

Was ich damit sagen möchte: Immer nur arbeiten, das ganze Geld auf die Seite legen oder aber Schönes auch nur immer wieder aufschieben – das kann meiner Meinung nach auch nicht der Sinn des Lebens sein! Erstens, weil es dafür viel zu kurz ist. Zweitens, weil ich niemandem wünsche, dass er sich den lieben langen Tag einschränkt, niemals Urlaub macht und mit zwanzig Jahre alten Anzügen durch die Gegend rennt. Und irgendwann einmal aus dem Himmel seinen Nachkommen dabei zuschauen muss, wie sie das ganze Vermögen durchbringen, ohne selbst jemals einen Finger krumm gemacht zu haben. Oder fröhlich über die Weltmeere schippern mit meinem eigenen zu spät fertig gewordenen Lebenstraum.

Deshalb habe ich es immer so gehalten, dass ich mich für bestimmte Leistungen zwischendurch einfach mal belohnt habe. Das war für mich ein Ausgleich für die ganze Plackerei. Und gleichzeitig auch der Ansporn, den nächsten Schritt zu machen. Da ich klamottentechnisch verhältnismäßig anspruchslos bin, Gott sei Dank keinen ausgeprägten Schuhtick habe wie meine Frau und auch keinen Wert auf irgendwelchen sonstigen teuren unnützen Kram lege, habe ich mir meine persönliche Leistungsprämie meistens in Form von Autos gewährt. Die eignen sich besonders gut dafür, weil es immer ein schöneres, teureres oder neueres Modell gibt, das man sich fürs nächste Mal aufheben kann.

Dabei waren meine ersten Berührungspunkte mit dem Fortbewegungsmittel Automobil gar nicht vielversprechend. Das lag in erster Linie daran, dass es mein Vater während meiner Kindheit vorzog, mit dem Familiendiesel in den Urlaub zu fahren. Und zwar nicht irgendwo ins Siegerland, sondern nach Südspanien.

Der jährliche Urlaub mit meiner Mutter und uns Kindern war ihm nämlich absolut heilig! Und auch wenn er mit seiner Firma gutes Geld verdiente: Eine Flugreise für fünf Personen war vor knapp vierzig Jahren praktisch kaum bezahlbar. Selbst wenn – mein Vater hatte eine natürliche Abneigung gegen Fluggeräte aller Art. Das habe ich ganz sicher von ihm geerbt: Mein Revier ist der Boden und vielleicht noch das Wasser! Aber alles, was höher hinausgeht als der Lastenaufzug von Carmens Ankleidezimmer, ist mir bis heute suspekt.

Also ging's regelmäßig mit Sack und Pack und dem bis unters Schiebedach vollgepackten Mercedes 190D in unser Ferienhaus an die Costa Blanca. Unser Häuschen lag etwas abseits oberhalb des Strandes. Wir hatten drei Schlafzimmer, eine Wohnküche, eine Terrasse mit Blick aufs Mittelmeer und sogar einen winzigen Pool, in dem man sich ganz prima abkühlen konnte: Die Handwerker, die unsere Hütte noch für meinen Großvater gebaut hatten, hatten das Becken eher aus Langeweile ausgehoben, weil sie wegen fehlender Materialien am Haus selbst ein paar Wochen nicht weiterarbeiten konnten. Wir Kinder fanden es natürlich cool, einen eigenen Pool zu haben. Doch das ganze Vergnügen machte die Anfahrt kaum wett. Denn die war jedes Mal eine Belastungsprobe für alle Beteiligten.

Vater war, wie schon erwähnt, durch und durch Geschäftsmann. Das bedingte leider auch, dass er keinesfalls gewillt war, die im Vergleich zu heute geradezu lächerlichen, in seinen Augen aber vollkommen unverschämten Spritpreise an den Tankstellen in Frankreich zu zahlen.

»Die Franzosen kriegen von mir keinen einzigen Pfennig mehr als nötig. Das reicht mir schon, dass wir denen ihre blöde Maut in den Rachen schmeißen müssen«, war seine unmissverständliche Losung.

Weil aber der Diesel selbst bei sparsamster Fahrweise niemals von Köln bis Valencia ausreichen konnte, musste irgendwo bei Dijon notgedrungen zum ersten Mal getankt werden. Und von sparsamer Fahrweise konnte bei meinem Vater sowieso keine Rede sein, zumal der vollgepackte Gepäckträger auf dem Dach sicher auch den ein oder anderen zusätzlichen Liter verbrauchte.

Natürlich hatte unser Familienoberhaupt eine geniale Idee, wie er den gierigen französischen Tankstellenbetreibern ein Schnippchen schlagen konnte: Er füllte daheim einfach seinen olivfarbenen Bundeswehr-Kanister mit hundert Litern feinstem Nordsee-Diesel aus unserem Heizöltank auf und wuchtete das Teil in den Kofferraum, um an französischen Rastplätzen selbst nachzutanken. Die Folge war, dass es im Inneren innerhalb kürzester Zeit roch wie im Maschinenraum einer Bohrinsel! Ein Umstand, der außer der schlechten Straßenbeschaffenheit in

Südeuropa dazu beigetragen hatte, dass wir Kinder die Route nach Calpe immer »Kotzstrecke« nannten.

Immer zu Ostern und natürlich im Sommer wiederholte sich das Spielchen. Unser Vater blieb dann nur ein paar Tage und fuhr alleine wieder zurück nach Köln in die Firma, während wir mit Mutter und manchmal auch mit Opa dort unten blieben und uns von der Anreise erholten. Solange, bis er uns wieder mit gefülltem Kanister im Kofferraum abholte und wir die knapp achtzehnhundert Kilometer lange Kotzstrecke auf demselben Weg wieder zurückfuhren, mit entsprechend häufigen Unterbrechungen natürlich – im wahrsten Sinne des Wortes!

Trotz dieser prägenden Kindheits-Erlebnisse wollte ich irgendwann natürlich selbst ein Auto haben. Angefangen hat meine Auto-Historie wie bei vielen anderen auch mit einem Volkswagen. Meine Eltern hatten netterweise das Kindergeld, das sie für mich bekamen, auf einem eigenen Konto angelegt. Zusätzlich hatte ich mir von jedem Schein, den ich von der Verwandtschaft zu meinen Geburtstagen, an Weihnachten oder der Kommunion bekam, ein ordentliches Sümmchen angespart. So konnte ich mir mit achtzehn einen Golf leisten. Allerdings legte ich keinen Wert auf irgendeinen beliebigen C oder GL. Es musste schon ein GTI sein, mit dem der junge Robert das Rheinland unsicher machen wollte.

Das Modell, das ich mir bei einem Gebraucht-
wagenhändler in Köln-Weiden ausgeguckt hatte, kostete mit 13.500 Mark allerdings leider genau zweiein-
halbtausend Mark mehr als ich zur Verfügung hatte.
Doch der weiße Renner mit seinem Kamei-Spoiler
hatte es mir zu sehr angetan, als dass ich mich durch
fehlende Mittel von meinem Plan abbringen lassen
hätte können. Mit Geschick, Dreistigkeit und vor
allem Ausdauer feilschte ich mit dem Händler, als ob
es um Leben und Tod ginge. Irgendwann gab der
Mann entnervt auf. Ich hatte meinen automobilen
Wunschtraum für exakt 11.000 Mark bekommen!

Sein erstes Auto vergisst man nie, heißt es. So ist
es auch bei mir. Ich verbinde viele schöne Erinnerungen mit meinem GTI, den ich nach und nach mit
einem fetten Gillett-Auspuff, einer granatenmäßigen
Pioneer-Sound-Anlage und breiten ATS-Felgen auf-
hübschte. Meine ersten Urlaube mit Carmen zum
Beispiel. Auch bei noch so langen Nonstop-Fahrten
nach Südspanien hat uns die Kiste nie im Stich gelassen. Aber irgendwann, so nach zwei Jahren, habe ich
lernen müssen, dass mir die Straße nicht alleine
gehört: Ich setzte das Ding bei Euskirchen in den
Acker! Mir ist zum Glück so gut wie nix passiert, aber
mein geliebter Golf war Schrott.

Weil ich jedoch durch die Arbeit bei meinem Vater
und meine beginnenden Nebeneinkünfte schon ganz
passabel verdiente, konnte ich diesen blöden Un-
fall immerhin dafür nutzen, mich in Sachen fahrba-

rer Untersatz erstmals zu verbessern. Für stattliche 24.000 Mark gönnte ich mir einen stahlblauen Suzuki SJ 410 mit Turbolader und wirklich riesigen Reifen drauf, den ich schön aufpoliert im Schaufenster eines Autohauses am Ring entdeckt hatte. Ich gebe zu, dass ich mir diesen Kollegen vor allem deshalb gekauft habe, weil ich ein wenig Aufsehen erregen wollte. Aber ab und zu gehört Klappern ja auch zum Handwerk! Außerdem war gerade Frühjahr, und ich konnte das Teil schließlich offenfahren ...

Der größte Nachteil am Suzuki fiel mir erst ein gutes Jahr später auf, als ich zur Bundeswehr musste. Ich hatte ja schon beschrieben, dass es mich nach Ulmen verschlagen hatte, rund hundertzwanzig Kilometer von Zuhause entfernt. Diese Strecke mit einem Wagen zu pendeln, der zwar ohne Probleme eine Vierzig-Grad-Steigung hinaufkam, aber in der Spitze vielleicht hundertdreißig km/h fuhr, war mehr als mühsam. Und so arbeitete ich mich langsam in die Liga der Edelkarossen vor – mit einem gebrauchten BMW 525i, der mich vor allem sicher zur Grundausbildung und wieder zurückbrachte. Die Freude am Fahren fand allerdings ein jähes Ende, als ich Carmen das Auto für eine Fahrt zu ihren Eltern überließ, sie eine Bahntrasse übersah und mir meine Limousine anschießend mit einem verzogenen Fahrgestell zurückbrachte. Eine Reparatur wäre sauteuer geworden. Also biss ich in den sauren Apfel und verkaufte den BMW mit einem riesigen Verlust wieder.

Nun aber war die Zeit ohnehin reif für die Erfüllung eines absoluten Jugendtraums. Ich verbrachte die gesamte Woche von Montagmorgen bis Freitagnachmittag in der Kaserne und arbeitete außerdem oft das Wochenende durch – bei meinem Vater im Betrieb und auch wegen meiner beginnenden Aktivitäten als selbständiger Nebenerwerbskaufmann. Die Zeit mit Carmen war logischerweise dadurch sehr, sehr begrenzt. Freizeit hatte ich keine! So musste ich in meinen Augen wenigstens eine Sache besitzen, die mir noch richtig Spaß bereitete – und das konnte ja angesichts der Umstände nur ein Auto sein! Also machte ich ernst, sammelte erneut mein gesamtes gespartes Geld ein. Und kaufte mir einen schwarzen Porsche Carrera Targa.

»Ich kann also jeden Tag irgendwo am Ende auch ein neues Auto kaufen, weil Gott sei Dank immer wieder neue Autos entwickelt werden.«

Mein erster Porsche! Auch wenn das jetzt vielleicht bescheuert klingt, aber das war wirklich ein Meilenstein. Ich war in meinem Umfeld der King im Ring. Aber das war nicht einmal das, was den Reiz ausmachte. Sondern die Tatsache, mir etwas verwirklicht zu haben, was mich seit langer Zeit antrieb. Immer, wenn ich mich nun in das Auto setzte, spürte ich, dass sich der ganze Aufwand doch irgendwo lohnte. Da war der Porsche eine gute Metapher dafür.

Klar, im Laufe der Zeit bin ich schon auch mal übers Ziel hinausgeschossen. Ich erinnere mich an eine Episode etliche Jahre nach dem Porsche-Kauf, als mein Bruder Michael und ich bei »Uncle Sam«, das immer größer und erfolgreicher wurde, längst schon bis zum Hals in Arbeit steckten. Unser Leben bestand im Grunde genommen nur noch aus Textilmessen, Vertragsverhandlungen und Katalogproduktionen!

Wir kauften uns ein Boot, das wir nach der Firma benannten. Nach kurzer Zeit kam uns das Schiff zu klein vor, und ein größeres musste her. Dass wir damit eigentlich so gut wie nie unterwegs waren, spielte keine Rolle! Es war eine zugegeben recht eigenwillige Art der Stresskompensation. Aber mit einer gut laufenden Firma ging das schon mal. Es musste ja nicht jede eingenommene Mark zur Hälfte direkt ans Finanzamt fließen. Auch in dieser Phase waren Autos logischerweise ein ganz spezielles Thema.

Einmal saßen wir gemeinsam im Büro und schufteten vor uns hin. Es war Freitagnachmittag. Für das Wochenende war keinerlei Vergnügen in Sicht. Wir würden auch Samstag und Sonntag hier sein. Während einer Zigarettenpause fiel uns irgendwie die *Auto, Motor und Sport* in die Hände. Wir guckten uns die Annoncen an. Vielleicht gab es ja irgendwo einen schnellen Flitzer zu leihen, damit wir wenigstens ein bisschen Ablenkung bekamen. Doch wir fanden keinen entsprechenden Leihwagen in unserer Umgebung. Dafür einen Händler aus Singen, der einen zwei Monate alten, roten Ferrari Testarossa 512 zum Verkauf inserierte.

Das konnten wir nicht bringen! Andererseits wäre das doch die Schau. Wir schauten uns kurz an und wussten, was der jeweils andere über diese Idee dachte. Also riefen wir aus einer Laune heraus dort an. Es ging ein paar Minuten hin und her, bis wir mit dem Autohändler einen ordentlichen Preis ausgehandelt hatten. Ich bin mir ziemlich sicher, dass der Typ noch nie zuvor einen Ferrari am Telefon vertickt hatte. Und nach uns wahrscheinlich auch nicht mehr.

Mein Bruder ging zum Tresor und nahm die nötige Kohle raus. Nach Feierabend fuhr ich ihn zum Bahnhof, und Micha setzte sich in den nächsten Zug, um noch an diesem Tag nach Singen zu fahren. Am Samstagmorgen war ich bereits wieder im Betrieb, da fuhr er mit unserer gemeinsamen Errungenschaft auf dem Firmengelände vor. Wir waren beide wie die Kinder und balgten uns darum, wer das Teil als erstes fahren durfte. Drei Wochen lang haben wir uns praktisch jeden Tag um den Ferrari gestritten.

Aber schon kurz darauf kam es, wie es kommen musste: Vor lauter Arbeit kamen wir natürlich nicht dazu, den Wagen entsprechend auszufahren. Nach einem ganzen Jahr hatten wir zu zweit gerade mal neunhundert Kilometer zurückgelegt. Dafür war andauernd die Batterie leer, was logisch war, wenn der Motor so gut wie nie lief. Für so etwas lohnte sich dieses Geschoss ganz sicher nicht. Wir riefen wieder bei dem Händler in Singen an in der Hoffnung, er würde den Ferrari wieder zurückkaufen.

»Wo ist das Problem?«, fragte der Verkäufer, der sich natürlich noch an uns erinnerte.

»Das Auto rentiert sich für uns nicht. Wir können damit nichts anfangen«, sagte ich und erklärte unsere Situation und dass der Wagen praktisch noch im selben guten Zustand war wie zwölf Monate vorher.

»Vielleicht hab' ich dann etwas anderes für Sie«, sagte der findige Autohändler. »Ich hab' gerade zwei Mercedes 600er SEC reinbekommen, einen in Anthrazit, einen in Schwarz. Die Dinger sind auch megasportlich, aber vielleicht etwas praktischer als der Ferrari!«

Das klang gut. So konnten wir den Testarossa problemlos wieder loswerden – und standen nicht ohne Spielzeug da. Wir kauften kurzerhand beide Benz! Einen für meinen Bruder, einen für mich. Dabei blieb es aber nicht. Ich hatte kurz zuvor einen gelben 355er Spider gesehen. Den fand ich klasse, also kaufte ich mir den auch noch!

So ging es eine Zeitlang weiter. Natürlich war das ziemlicher Quatsch. Aber das war eben die Mohrrübe, die uns vor der Nase hing, während wir den Karren zogen! Was mich betrifft – ich habe die Autos immer nach Geldbeutel gekauft. Wenn ich mir einen davon nicht hätte leisten können, dann hätte ich ihn auch nicht angeschafft. Ganz einfach. Außerdem war unser sonstiger Lebensstil nicht großspurig. Es gab damals keinen Urlaub auf den Bahamas und keine diamant-besetzte Rolex. Wir gingen allenfalls mal schön beim Italiener essen. Aber wir haben nie sinnlos mit Geld um uns geworfen.

So ist das bis heute. Auch wenn die finanzielle Situation noch mal eine andere ist und in unserer Garage acht verschiedene Kisten vom kleinen Toyota über den Mini Cooper bis zum Rolls Royce stehen. Was für manche Menschen wahrscheinlich beknackt sein mag, war und ist für mich bis heute eine Prämie für etwas, das ich geschafft habe! Den lukrativen Verkauf eines Hauses nach einem aufwändigen Umbau zum Beispiel. Was die Begeisterung für Autos angeht, bin ich schlichtweg ein Junge geblieben, der sich tierisch über den Klang eines Maserati freuen kann. Warum also sollte ich mir dann keinen kaufen, wenn ich ihn mir leisten kann?

Was schade ist: In Deutschland gönnt man dem anderen manchmal nicht, was er hat. Auch dann nicht, wenn er jahrelang gebuckelt hat, um sich seine Träume zu erfüllen. Sei es ein Auto, ein Haus oder was auch immer. Das geht so weit, dass man in Köln, Hannover oder Berlin niemals mit einem Bentley oder einer S-Klasse zu seinem Kunden fahren könnte. Da wird lieber der Audi Avant aus der Garage geholt, um niemanden zu verschrecken.

Diese Einstellung, Erfolg nicht zeigen zu dürfen, finde ich falsch. Wenn man gut ist in dem, was man tut, dann darf man das meines Erachtens auch präsentieren. In den USA heben die Menschen den Daumen, wenn sie Dich in einem tollen Auto sehen. Das mache ich auch, wenn mir einer zwischen Nizza und Monaco entgegenkommt mit einer geilen Kiste. Dass da auch Blender dabei sind – geschenkt! Ich weiß ja zumindest, dass ich mir den Wagen leisten kann, mit dem ich herumfahre.

***

Mein Rat ist, sich etappenweise Ziele zu setzen. Wenn Du die dann erreicht hast, dann darfst Du Dir auch was gönnen. Sonst frisst Dich die Arbeit irgendwann auf. Bei mir war ein Zwölf-Ventiler auch immer ein gutes Ventil für den Druck im Geschäft. Und eins weiß ich ganz sicher: Wenn ich irgendwann von oben herunterschaue, dann muss ich mich nicht darüber ärgern, dass irgendjemand mit meinem Geld das anstellt, was ich versäumt habe. Das ist schon mal ein beruhigendes Gefühl!

8. »Überstrapazier Dein Glück nicht« – *Carmen*

Ganz so einfach, wie sich das alles manchmal bei Robert anhört, war es natürlich nicht. Ich hatte ja schon anfangs erwähnt, dass wir wirklich harte Zeiten durchstehen mussten. Viele unschöne Sachen, die passiert sind, hätte ich uns gerne erspart. Außerdem war es ein langer Weg, bis unsere beiden Eltern akzeptiert haben, dass wir uns für eine gemeinsame Zukunft entschieden haben – mit allen Konsequenzen. Und die knapp zehn Jahre mit »Uncle Sam« im Kreuz waren zwar ziemlich umsatzsteuerträchtig, aber nicht gerade vergnügungssteuerpflichtig. Aber zu behaupten, wir hätten nicht besonders viel Glück gehabt in unserem Leben, wäre natürlich auch Schwachsinn!

Das erste große Glück hatten wir schließlich schon, indem wir uns überhaupt kennengelernt haben! An jenem legendären Silvesterabend hätte alles auch ganz anders laufen können – um ein Haar wäre ich ja überhaupt nicht dort gewesen! Und wer weiß, ob wir dann später nochmal zueinander gefunden hätten. Es war vielleicht nur dieses eine Mal, an dem eins zum anderen gepasst hat und diese eine Tür, die für uns aufgegangen ist. Wären wir beide da nicht durchgelaufen, hätte unter Umständen unser ganzes Leben einen anderen Verlauf genommen. Ich bin hundertprozentig davon überzeugt, dass mein lieber Robert schon fünf Mal geschieden wäre, wenn er mich seinerzeit nicht kennengelernt hätte. Umgekehrt könnte ich mir keinen Mann auf der Welt außer ihm vorstellen, mit dem ich es dreißig Jahre ausgehalten hätte. Und ein Ende ist ja auch noch nicht absehbar ...

Na ja, und dann natürlich die Sache mit dem Business. Roberts wirklich bewundernswerter Geschäftssinn war zwar nicht unbedingt seinem Glück geschuldet, sondern eher einer kuriosen Mischung aus Talent, Mut und ein wenig Wahnsinn. Aber ein paar Mal stand der Erfolg der Firma trotzdem auf des Messers Schneide. Wenn wir da nicht richtig Schwein gehabt hätten, dann hätten wir Schulden gehabt bis zum Sankt Nimmerleinstag und nicht mal mehr eine Frittenbude eröffnen können.

Das erste Mal kritisch war es zu jenen Zeiten, als er noch selbst mit seinem damaligen türkischen Geschäftspartner, der auch in Köln lebte, und dessen Cousin aus Istanbul in einem Hinterhof-Atelier irgendwo in der Bosporus-Metropole eine neue Kollektion entwarf. Die Teile sollten vorwiegend aus Indianer-Motiven bestehen, aber das eigentlich Besondere war, dass alle Teile Strickbündchen hatten, auf denen eigens klein die Bezeichnung »Uncle Sam« eingenäht

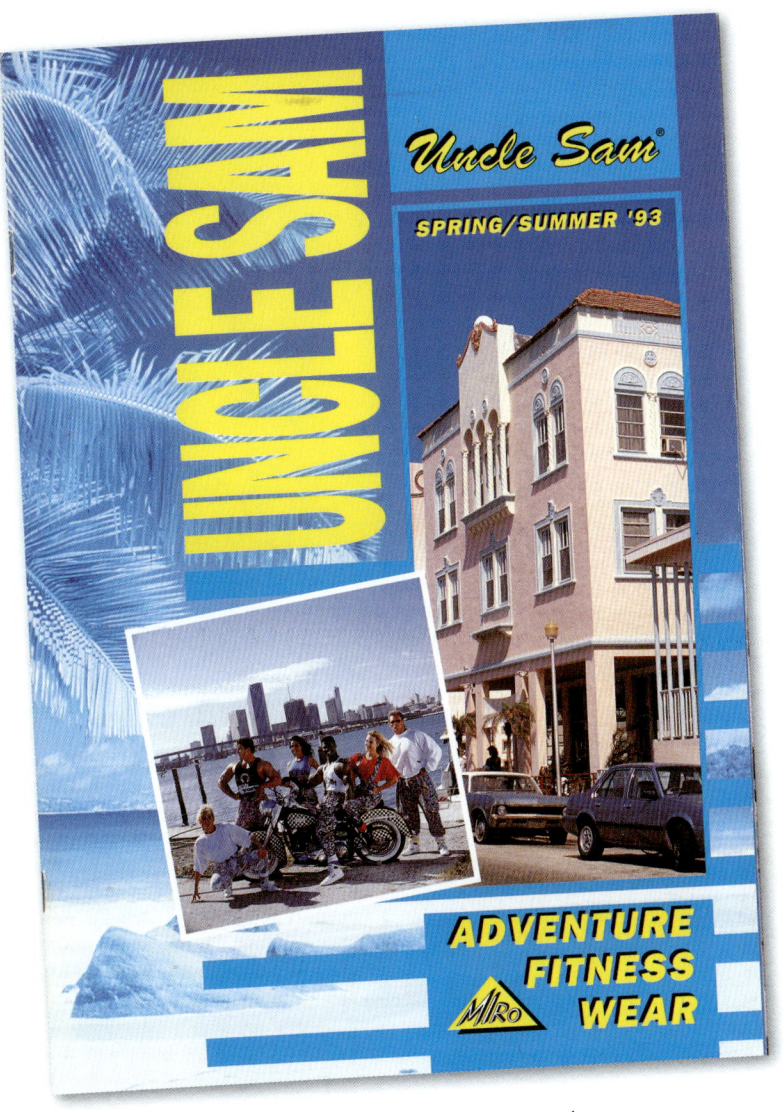

Groß denken, nicht klein — mit den Katalogen wurde
Uncle Sam zum Mega-Seller!

Uncle Sam
ORIGINALS

Neben Carmen damals unser prominentestes Model:
John Brown, zweimaliger Mister Universe!

976 BODYHOSE "AZTEC"
S, M, L, XL (100% BAUMWOLLE)

743 T-SHIRT "BIG A"
SCHWARZ, WEISS, VIOLET, APRICOT, AQUATÜRKIS
S, M, L, XL (100% BAUMWOLLE)

1743 T-SHIRT "BIG A"
MELANGE
S, M, L, XL (85% BW, 15% VISCOSE)

Aber auch andere Prominente verhalfen der Marke
zu Bekanntheitsgrad ...

Axel Schulz, Schwergewichtsprofi und Fan der ersten Stunde.

Carmen und der Sänger Alexander Nestor Haddaway. Zuerst trat er als Tänzer auf unseren Modeschauen auf, mit »What is love, baby, don't hurt me« landete er dann einen Megahit.

Wir sponserten Frank Schmickler ...

... verloren dabei aber nie die Bodenhaftung, denn wir wussten: Ohne gute Partner läuft nix! Robert beim Geschäftsessen mit Ekrem.

Schon als Teenager habe ich mir eine richtige Familie
gewünscht ...

2003 bzw. 2004 kamen dann unsere Töchter Davina Shakira
und Shania Tyra auf die Welt.

Unser erster Hund Flöhchen!
Heute gehören Maddox und Dex
zu unserer Sippe!

... und für kein Geld der Welt möchte ich dieses Glück missen!

Unforgettable! Unser großer Tag in Las Vegas, 30. Oktober 1994.

werden sollte. Das war mega-aufwändig, aber Robert fand, dass sich seine Klamotten so besser von denen der Konkurrenz abheben würden und war stolz wie Oskar auf seine Idee.

Alles lief zunächst wie geplant. Er beauftragte eine kleine Fabrik vor Ort, seine Entwürfe gleich umzusetzen, flog zurück nach Hause und wartete dann in Köln auf die Ware, die nach ein paar Wochen auch vereinbarungsgemäß eintraf. Als wir das Zeug dann aber gemeinsam auspackten und gleich anprobieren wollten, traf uns fast der Schlag: Keiner kam mit dem Kopf durch ein T-Shirt, geschweige denn mit den Füßen durch die Hosenbeine! Die Bündchen waren allesamt viel zu eng.

Noch am selben Mittag fuhr ich meinen aufgebrachten Robert zum Düsseldorfer Flughafen. Er hatte noch nicht einmal irgendetwas zusammengepackt, denn er wollte so schnell wie möglich in die Türkei. Zwischenzeitlich hatte er seinen türkischen Geschäftspartner angerufen, der ebenfalls alles stehen und liegen ließ und ihn begleitete. In Istanbul angekommen, stellten die beiden fest, dass die Fabrik schlichtweg vergessen hatte, Lycra in die Bündchen einzuweben.

Es war eine Katastrophe, und Robert war verzweifelt und stinksauer zugleich. In seinem Gefühlschaos hatte er aber dann doch noch eine Idee, wie er nicht die komplette Kollektion in die Tonne kloppen musste: Er ließ die fehlerhaften Bündchen einfach abschneiden und neue, diesmal welche mit Lycra-Anteil, annähen! So wurden zwar alle Sachen eine Größe kleiner – aus XL wurde L, aus L wurde M und aus M wurde S. Aber er konnte dadurch noch ein paar hundert Stücke retten. Der Rest aber war verloren, außerdem ging diese unkonventionelle Art der Umarbeitung freilich auch nicht bei allen Exemplaren gut. Der finanzielle Verlust war schmerzhaft, aber Robert bekam dadurch gerade noch die Kurve.

Ein anderes Mal hatte er eine »Dragon Collection« entworfen, die er mit Metall-Etiketten versehen lassen wollte. Diese besonderen Labels sollten mit vier Nieten auf einem Stückchen Kunstleder befestigt werden, bevor dann das ganze Kunstwerk auf die Kleidung genäht wurde. Er war sich hundertprozentig sicher, dass ihn der kleine Blechdrachen endgültig in die erste Fashion-Liga katapultieren würde. Darum bestellte er gleich ein paar hunderttausend Stück bei einer anderen Istanbuler Fabrik, die ihm empfohlen wurde, und er ließ sich sicherheitshalber schriftlich zusichern, dass die Dinger nicht rosten würden.

Der entsprechende Katalog für die »Dragon Collection« wurde praktischerweise auch gleich in der Türkei fotografiert, also reiste ich nach – immerhin war ich für Robert ein begehrtes, weil günstiges Model! Mir machte das Ganze riesigen Spaß, das hatte ich ja auch gelernt. Wenn man sich heute die alten »Uncle Sam«-Kataloge anschaut, bin ich fast auf jeder Doppelseite zu sehen. Wie auch immer: Als Schauplatz hatte er sich die berühmten Kalkterrassen von Pamukkale ausgesucht. Die stehen auf der Welterbeliste der Unesco und sehen in der Tat sehr fotogen aus. Sie haben aber den entscheidenden Nachteil, dass es dort noch ein wenig heißer ist als in der Türkei im Sommer ohnehin schon. Das bedeutete im Klartext, dass wir unsere Aufnahmen bei Minimum fünfundvierzig Grad machen mussten, noch dazu in der prallen Sonne, weil es dort keinerlei Schatten gab. Ich verging beinahe vor Hitze und kippte nach dem dritten Shooting komplett aus den Latschen. Trotzdem bekamen wir nach ein paar wahnsinnig anstrengenden Tagen tolle Bilder zusammen.

Wenige Wochen später waren dann auch wie geplant die Schilder auf alle Klamotten genäht. Die ersten Container der »Dragon«-Linie kamen am frühen Morgen in Köln an. Robert holte sie selbst ab und brachte sofort ein paar Sachen davon mit nach Hause, um sie mir zu zeigen. Ich war begeistert. Routinemäßig steckte er sie zum Probewaschen in unsere Waschmaschine. Nach einer dreiviertel Stunde bei vierzig Grad wäre er fast rückwärts in die Badewanne gekippt – und ich gleich mit: Die Schilder waren tatsächlich wie vereinbart vollkommen rostfrei. Die Nieten jedoch, mit denen sie auf den Lederstücken halten sollten, sahen aus wie eine Coladose nach zwanzig Jahren Dauerregen! Auf den schwarzen und lilafarbenen Stücken hielt sich das Korrosions-Desaster gerade noch in Grenzen. Aber alles, was weiß, rot oder beige war, war im Grunde genommen für den Schredder. Wenn Robert diese Kollektion an seine Kunden rausschicken würde, dann könnte er einpacken. Die Ware hatte aber einen Wert von einer halben Million Mark – Kohle, die er einfach brauchte, weil er sonst seine Lieferanten nicht mehr bezahlen konnte. Die Kacke war also mächtig am Dampfen, und die ganze Firma stand plötzlich auf der Kippe!

»Einen Ausweg gibt es immer, selbst wenn es mal keine Abkürzung sein sollte!«

Robert informierte also erneut seinen türkischen Geschäftspartner, und der alarmierte umgehend seine sämtlichen Verwandten, die er in Köln und Umgebung hatte. Und was fast noch beeindruckender war: Binnen eines Tages organisierte er auch noch jede Menge Verstärkung aus der Türkei, die er umgehend einfliegen ließ. Nach gerade mal vierundzwanzig Stunden hatten wir eine wahre Armee aus guten zwei Dutzend Onkels und Tanten, Cousins und Cousinen oder Großneffen und Großnichten zur Verfügung, die mit uns zusammen von unzähligen verpfuschten T-Shirts, Pullovern und Jacken die Schilder abmachten, sie mit neuen und diesmal garantiert rostfreien Nieten versahen und wieder aufnähten. Nach dieser irren Aktion, die uns mehrere schlaflose Nächte und jede Menge Nerven kostete, konnte Robert die Sachen doch noch wie geplant verkaufen. Schlussendlich kam es, wie er vorausgesagt hatte: Die »Dragon Coll-ection« wurde ein voller Erfolg.

Was das mit Glück zu tun hat? Es war in dieser Situation einfach ein verdammt großes Glück, Freun-de zu haben, auf die man sich in Notsituationen ver-lassen kann! Und gerade weil uns an manchen Weg-gabelungen das Schicksal sehr wohlgesonnen war, haben wir eines gelernt: das Glück niemals auszu-reizen, sondern es wertzuschätzen, wenn es einem begegnet.

Eine schöne Anekdote, an die ich mich in diesem Zusammenhang gerne erinnere, ist noch gar nicht so lange her: Für unsere Serie waren wir nach langer Zeit mal wieder in Las Vegas, wo wir ja einst, vor beinahe zwanzig Jahren, geheiratet hatten. Das letzte Mal, als wir in dieser unglaublichen Glitzerstadt gewesen sind, hätten wir uns wahrscheinlich nicht träumen lassen, dass wir dort einmal als Hauptdarsteller unserer eige-nen TV-Show aufschlagen würden.

Alles war perfekt organisiert: Wir waren außerhalb der Stadt gemeinsam reiten und bei einem romanti-schen Barbecue mit Lagerfeuer. In einer riesigen Stretch-Limo sind wir anschließend über den Strip gefahren. Der Weg führte uns auch am Treasure Island vorbei, mit dem wir so schöne Erinnerungen verbinden. Ich wurde sentimental, und der Gedanke, dass wir bei diesem Aufenthalt unser Eheversprechen erneuern, ließ mich nicht los. Auch, wenn Robert sicher kein großer Romantiker ist, so wollte ich ihn mit diesem Schritt überraschen. Denn mir wurde schlagartig bewusst, wie sehr sich unser Leben seit damals verändert hatte! Wir hatten diesmal Davina und Shania dabei, unsere beiden süßen und vor allem gesunden Töchter. Kann es ein größeres Glück auf der Welt geben?

Ich wollte »unser zweites Mal« unbedingt in einem richtigen Brautkleid zelebrieren, weil ich damals ein eher unstandesgemäßes Outfit gewählt hatte, um Robert eine Freude zu machen. Aber im Herzen war und bin ich natürlich auch nur ein Mädchen, das von einer echten Prinzessinnenrobe träumt, wenn sie ihren Märchenprinzen heiratet. Also probierte ich ein paar Modelle aus und entschied mich für einen Traum in Weiß.

Als ich das Kleid im Hotelzimmer meiner Schwiegermutter zeigte, war sie hin und weg, aber sie sagte mir gleich, was auch ich insgeheim natürlich längst wusste:

»Schatz, das macht der Robert niemals mit!«

»Ich weiß«, seufzte ich. »Ich bin ja schon froh, wenn er überhaupt noch mal Ja sagt. Ist immerhin besser als gar nix.«

Also verabschiedete ich mich schweren Herzens wieder von dem Kleid. Trotzdem war ich noch nervös, denn wenn Robert stiften ging, wäre mein Plan zunichte und ich wirklich traurig. Am nächsten Morgen schleppte ich meinen Göttergatten kurzerhand zu dem Treffpunkt, den ich mit unserem Chauffeur, einem Elvis-Darsteller, ausgemacht hatte, weil so etwas in Vegas irgendwie dazugehört. Natürlich waren Davina und Shania mit von der Partie.

Blöderweise verspätete sich mein »King« ein wenig. Robert war zwar noch nicht auf hundertachtzig, aber zumindest schon auf hundertfünfzig. Auf einmal hielt ich meinen Einfall für keine besonders gute Idee mehr. Als unser Elvis dann mit einem pinkfarbenen Cadillac um die Ecke bog und ich den Kerl in Augenschein nahm, schwante mir Übles. Der Typ war total durchgeknallt, wippte ständig wie besessen vor und zurück und sang vor sich hin. Robert konnte sich nicht entscheiden, ob er lachen oder doch lieber schimpfen sollte. Wir stiegen ein, und irgendwann kutschierte uns Elvis schließlich aus dem Städtele hinaus bis zu einem Vorort, in dem sich die Drive-In-Hochzeitskapelle befand, die Schauplatz unseres zweiten Ja-Wortes sein sollte. Wohl oder übel musste ich Robert nun meinen Plan gestehen:

»Ich möchte Dich noch mal heiraten!«, sagte ich zu ihm.

Unsere Töchter waren aus dem Häuschen. Mein Mann jedoch reagierte genauso, wie ich es erwartet hatte.

»Sag mal, habt Ihr sie noch alle?«, knurrte er. »Du hast doch voll einen neben Dir!«

Das hatte ich tatsächlich: Meinen Elvis nämlich, bei dem allerdings immer deutlicher wurde, dass er eher die letzten Tage seines Vorbildes verkörperte. Immerhin sang er für uns »Can't help falling in Love«, während wir ausstiegen. Die Standesbeamtin nahm sich der Sache an und forderte uns auf, uns in die Augen zu schauen und fragte uns die Frage aller Fragen so ernst, als wäre es das erste Mal.

»Ich verspreche Dir meine Liebe und Treue – in guten wie in schlechten Zeiten«, flüsterte ich zu Robert und musste heulen wie ein Schlosshund. Er sprach die Formel ebenfalls nach. Es war wirklich schön und schräg zugleich, und ich fand, dass es genau darum gut zu uns passte. Robert fühlte sich dagegen sichtlich unwohl, er stand mit verschränkten Armen herum und wäre wahrscheinlich am liebsten ins nächste Taxi gesprungen, aber er tat mir den Gefallen und machte mit.

»Ist es nicht wundervoll zu lieben?«, fragte uns die Standesbeamtin. Da musste selbst mein harter Robert schlucken.

»Ja«, sagte er. »Überraschung gelungen!«

Auch wenn sich das vielleicht seltsam anhört: Für mich war diese kleine Zeremonie wirklich wichtig. Wir waren jetzt die Familie, die ich mir immer sehnlichst gewünscht hatte, also wollte ich den feierlichen Moment einfach noch mal festhalten – nun, wo sich alles zum Guten entwickelt hatte. Man weiß nie, wofür man diese Dosis Glück, die ich dort vor der Kapelle verspürte, später noch gebrauchen kann. Für kein Geld der Welt hätte ich diesen Moment missen wollen.

Für Robert dagegen war eher klar, dass wir unser Glück beim Glücksspiel versuchen mussten, immerhin waren wir in Las Vegas, der Stadt des Glücksspiels schlechthin. Praktischerweise wurden wir am folgenden Tag vom Caesars Palace zum exklusiven, weil privaten Zocken gebeten. Das ist eben der Deal in Las Vegas: Wenn Du Geld hast und die Aussicht besteht, dass Du einiges davon im hoteleigenen Casino lässt, musst Du Dich selbst um nicht mehr viel kümmern. Du kannst essen und trinken wie bei Königs am Hofe und bekommst auch sonst jede Menge Zucker in den Hintern geblasen. Für die Hotels rechnet sich die Masche natürlich trotzdem, weshalb ich der ganzen Sache skeptisch gegenüber stand.

Aber ganz ohne Zocken macht so ein Trip nach Vegas auch keinen Spaß, also ließen Robert und ich uns ins private Separee des Caesars Palace führen, wo es normalerweise pro Einsatz um Summen von einer halben Million Dollar aufwärts geht. Für mich ist es unfassbar, wie man den Wert eines Einfamilienhauses einfach so mir nichts, dir nichts auf den Tisch legen kann, aber offenbar gibt es genug Menschen, die das regelmäßig tun, sogenannte High Roller. Robert hatte derweil »nur« zwanzigtausend Euro dabei, wovon ich allerdings gar nichts wusste. Schon das war mir eigentlich viel zu viel für ein paar Momente Nervenkitzel.

»Das ist Geld, das weißt Du«, sagte ich zu ihm, als er einen Stapel Chips auf die Sechs legte, aber er ignorierte meinen Einwand.

Natürlich kam die Sechs nicht – und ich konnte meinem Mann nicht länger zusehen. Ich ging zum Black Jack-Tisch und versuchte dort mein Glück, aber ebenfalls mit mäßigem Erfolg. Auf einmal hörte ich Robert schreien.

»Ich hab die Zwanzig«, rief er.

Ich verstand nicht genau, was er meinte, aber er rechnete schon, als ich von meinem Spieltisch herüberkam.

»That's twenty-one thousand«, sagte der Croupier lässig und schob Robert jede Menge weiße und rote Chips-Türmchen herüber.

Einundzwanzigtausend Dollar! Das war ja der Hammer! Bis dahin hatte er vielleicht höchstens ein Fünftel seines Einsatzes gespielt.

»So geht das«, sagte Robert triumphierend, um gleich einen weiteren großen Stapel auf der Zwanzig zu platzieren.

Und was soll ich sagen – die Zwanzig kam noch mal!

Robert jubelte laut und rannte um den ganzen Tisch. Ich konnte es nicht fassen und fing ebenfalls an zu schreien. Mag sein, dass sich echte Highroller etwas dezenter benehmen, aber ich war wirklich vollkommen aus dem Häuschen. Das konnte eigentlich kaum wahr sein, aber es stimmte.

»Mehr geht nicht«, freute sich Robert, als er sich wieder gefasst hatte. »Das ist jetzt richtig viel Geld!«

Das war es: hundertzweiundvierzigtausend Dollar, umgerechnet über hunderttausend Euro! Zusammen mit dem vorherigen Gewinn hatte er unglaubliche zweihunderttausend Dollar gewonnen. Er gab dem Croupier dreitausend Dollar Trinkgeld.

»Das ist der Zeitpunkt, an dem man aufhören muss«, sagte er. »Mehr Glück kann man nicht haben.«

Damit hatte er recht. Wir hatten unseren Einsatz praktisch verzehnfacht und holten die Kohle in bar an der Kasse ab – es waren zwei richtig dicke Bündel. Ich stand immer noch ganz neben mir. Zur Belohnung gingen wir ein bisschen shoppen. Mit gewonnenem Geld macht Einkaufen natürlich noch mal so viel Spaß. Aber alles gaben wir selbstverständlich nicht aus. Das Zeug wird ja nicht schlecht.

***

Wir haben an jenem legendären Abend schlichtweg eine Binsenweisheit beherzigt, die Robert und ich immer schon praktiziert haben: Es ist nicht gut, sein Glück zu sehr herauszufordern! Denn nur ein paar Minuten später, einige Zylinder-Umdrehungen weiter, kann alles schon wieder weg sein. Für immer! Und was am Roulette-Tisch gilt, das gilt natürlich erst recht fürs Leben. Wenn es das Schicksal mal gut mit Dir meint, wenn Du gerade einen Lauf hast – behalte immer den richtigen Zeitpunkt im Blick, bevor sich das Blatt möglicherweise wendet. Denn Glück ist nichts, was Dir zufliegt und dauerhaft bei Dir bleibt, ohne dass Du etwas dafür tun musst. Vor allem nicht, wenn Du es nicht zu schätzen weißt ...

9. »Mit Kleckern alleine kommst Du auf Dauer nicht weiter« – *Robert*

Wenn ich heute an die Anfänge von »Uncle Sam« zurückdenke, muss ich laut lachen. Unsere erste Kollektion, die mein Bruder und ich damals noch unter dem Namen »MiRo Sportswear« herausbrachten, entstand gewissermaßen in Heimarbeit! Dank einer Anzeige im Fachmagazin *Zentralmarkt* kauften wir eine Ladung schwarze und weiße T-Shirts aus Fernost zum Schnäppchenpreis von einer Mark fünfzig pro Stück. Das Zeug war zwar nicht exakt das, was wir eigentlich auf den Markt bringen wollten, aber irgendwas mussten wir ja mal anbieten. Wir beschafften uns über ein paar Bekannte eine ausgemusterte Transferpresse, mit der man die Shirts mittels einer Heizplatte auf eine recht altmodische Art und Weise bedrucken konnte.

Allerdings hatten wir noch keinerlei Plan, welche Motive wir auf die Dinger pressen sollten. Wir waren ja weit davon entfernt, uns einen Designer oder irgendetwas in der Art leisten zu können. Also setzten wir uns zusammen und überlegten, was als Aufdruck gut ankommen könnte. Unser erstes Motiv war eine simple Hantel. Die Vorlage dafür hatten wir aus einem

Fitness-Katalog ausgeschnitten. Aber irgendwie war es das auch nicht. Wer würde uns schon ein einfaches T-Shirt mit einer Hantel vorne drauf abkaufen ...

Als nächstes vertickten wir eine Ladung mit fünftausend bunten Jogginganzügen. Die hatte ich noch während meiner Tätigkeit in der Firma meines Vaters bestellt und nach meinem Abgang dort im Lager gelassen. Papa konnte nichts mehr damit anfangen und überließ uns netterweise die Dinger! Wir schalteten wieder ein paar Anzeigen und tingelten in und um Köln über die Märkte. Der Kram verkaufte sich gar nicht mal so schlecht. Zumindest machten wir damit genug Umsatz, damit wir auf dieser Schiene weiterfahren konnten. Als nächstes musste jedoch wirklich eine echte eigene Kollektion her. Dazu brauchten wir jedoch fremde Hilfe. Jemanden, der unsere Sachen nach unseren Wünschen herstellen konnte.

Ich erzählte einem Kumpel von unserem Dilemma. Er hatte schnell eine Lösung parat, die wir mal ausprobieren wollten – und vermittelte mir den Kontakt zu einem türkischen Geschäftsfreund. Und wie wahrscheinlich jeder Türke, der irgendwann mal nach Deutschland ausgewandert ist, hatte der gute Mann noch jede Menge Bekannte und Verwandte zu Hause am Bosporus. In diesem Fall unter anderem einen Bekannten, der eine relativ große Textilfabrik in Istanbul besaß und immer auf der Suche nach neuen Abnehmern war.

Ich flog also dorthin und checkte in einem grausigen Drei-Sterne-Schuppen ein, der direkt im Viertel Merter lag. Der Stadtteil bestand fast nur aus textilverarbeitenden Betrieben wie Nähereien oder Bleichereien. Dort war natürlich auch die besagte Fabrik. Am nächsten Morgen schaute ich mir das Ganze mal an. Nach einem ersten Rundgang war mir klar, dass hier meine nähere Zukunft liegen könnte: In diesen Hallen wurde alles zusammengenäht, was man aus Baumwolle und Polyester anfertigen lassen konnte. Ich bestellte jeweils tausend schwarze, weiße, türkis- und apricotfarbene Jogginganzüge sowie T-Shirts mit V-Ausschnitt, Rundhals und Bündchen in allen Größen.

Ein paar Wochen später kam der erste Lkw aus der Türkei in Köln an. Bald darauf lief unsere Transferpresse im wahrsten Sinne des Wortes auf Hochdruck! Wir hatten inzwischen ein paar ganz brauchbare und originelle Motive entworfen. Ich kann nicht gerade sagen, dass uns die Kunden die Sachen aus den Händen rissen. Aber für den Anfang lief es nicht schlecht. Mein Bruder und ich setzten in unserem ersten Geschäftsjahr rund vierhunderttausend Mark um. Abzüglich aller Unkosten blieb allerdings unter dem Strich nicht sonderlich viel übrig. Zumal wir den Gewinn logischerweise durch Zwei teilen mussten.

Am Ende dieses Jahres zogen wir eine erste Bilanz. Alles in allem hatte unser Geschäftsmodell einige Mängel. Wir wollten vor allem Leute ansprechen, die

Fitness machten. Aber unsere Vertreter, allesamt Bekannte von uns, die mit ihrem eigenen Auto und unserer Ware in Köln und Umgebung die Studios abklapperten, verfuhren mehr Sprit als Kohle durch den Verkauf der Sachen hereinkam. Wenn wir wirklich an viele Menschen gleichzeitig herankommen wollten, kamen wir nicht darum herum, eine Art Prospekt zu machen.

Das Dumme war nur: Mehr als ein Faltblatt aus zwei DIN A4-Seiten war finanziell damals nicht drin! Auf einer Seite waren die verschiedenen Produkte, die wir anboten. Und auf der anderen die knapp zehn unterschiedlichen Motive, die wir entworfen hatten. Wie bei einem Baukasten konnte man sich das Kleidungsstück seiner Wahl mit seinem Wunschmotiv versehen lassen. Aus heutiger Sicht schaut das alles total unprofessionell aus. Aber es war die einzige realistische Chance, unseren Kundenkreis zu erweitern. Wir kopierten uns einen Ast! Parallel dazu nahmen wir Kontakt mit einem Adress-Verlag auf, der zielgruppengerechte Daten verkaufte.

Für viel Geld sicherten wir uns die Anschriften von knapp viertausendfünfhundert Fitnessstudios in ganz Deutschland. Diese Klientel erschien uns am vielversprechendsten. Carmen kannte sich, wie sie ja bereits erzählt hat, in dem Metier ganz gut aus. Sie wusste, auf was die Leute in den Muckibuden so abfuhren. Außerdem herrschte diesbezüglich gerade ein regelrechter Boom in Deutschland. Überall eröffneten neue Läden. Und jeder, der etwas auf sich hielt, schwitzte an der Hantelbank. Der letzte Rest unseres Budgets ging dann für das Porto drauf. Wir verschickten unser Faltblatt an die gekauften Adressen – und warteten. Nach ein, zwei Wochen war klar: Ein echter Renner war auch das leider nicht! Aber immerhin tröpfelten jeden Tag ein, zwei Bestellungen bei uns in der »MiRo«-Zentrale ein. Michael und ich bedruckten die Sachen umgehend mit dem gewünschten Motiv und schickten sie los. Das war gewissermaßen echte Just-in-Time-Produktion!

Irgendwann bekam ein Freund von uns und gelernter Fotograf eins dieser Blätter in die Hände. Er fand unsere Idee, auf diese Weise auf unsere Kunden zuzugehen, an sich nicht schlecht. Doch er schüttelte sich angesichts der lausigen Qualität, den die Drucke hatten. Er lud uns zu sich nach Hause ein. Man merkte ihm an, dass er sich etwas überlegt hatte.

»Ihr müsst das professioneller aufziehen. Sonst wird das nie was«, mahnte er und fügte feierlich an: »Aber ich habe da schon einen Plan!«

»Was schlägst Du vor?«, fragte ich.

»Ganz einfach: Ich mache anständige Fotos und helfe Euch dabei, einen richtigen Katalog zu machen«, sagte er. »Und Models brauchen wir auch keine. Das kann alles Carmen machen.«

Das klang schon mal nicht schlecht. Kurz darauf machte unser Kumpel ernst. Er zog die Sache verhältnismäßig groß in seinem Atelier auf und ließ Carmen mit den Klamotten, die wir noch auf Lager hatten, posieren. Diesmal war zumindest alles anständig ausgeleuchtet, hatte wechselnde Hintergründe und ein paar Effekte. Anschließend kümmerte sich unser Knipser auch noch ums Layout. Er stellte einzelne Motive frei und fügte andere zu einer Collage zusammen. Klar: Der Ober-Hammer war auch dieser Prospekt nicht. Aber am Ende hatten wir immerhin vier Seiten zusammenbekommen, die wir nicht nur an die viertausendfünfhundert Fitnessstudios verschickten, sondern auch noch an über fünftausend Solarien, deren Adressen wir uns zusätzlich gekauft hatten. Das war eine ganz gute Kombination, fanden wir.

»Groß denken, nicht klein.«

Ein paar Tage später ging's los. Aus den bisherigen ein, zwei Bestellungen pro Tag wurde nun ein Dutzend. Wir wussten plötzlich, was der richtige Weg war. Nur: Mit einer einzigen Transferpresse würde das nicht mehr lange funktionieren. Und auch unser Warenbestand ging langsam, aber sicher zur Neige. Wir brauchten im Prinzip fertige Ware, die schon unterschiedliche Motive hatte. Sonst druckten wir uns im Hinterzimmer unseres Ladens einen Wolf und kamen nie mehr hinterher. Ich musste also dringend wieder in die Türkei.

Leider stellte sich vor Ort schnell heraus, dass die Fabrik vom letzten Mal dafür nicht mehr geeignet war: Den Betreibern ging es nur um hohe Stückzahlen. Sie zogen nicht recht bei dem Gedanken, möglichst viele unterschiedliche Produkte herauszubringen. Unser Kontaktmann, der uns beim ersten Besuch zu jener Fabrik geführt hatte, war aber zum Glück auch noch da. Er hatte sogar inzwischen ebenfalls in Merter ein knapp fünfzig Quadratmeter kleines Atelier mit einem riesigen Zuschneidetisch angemietet. Es lag in einer verwinkelten, kleinen Gasse und war umzingelt von Fabriken, die ihre Chemikalien und Abwässer alle ungefiltert in die Kanalisation einleiteten. Um uns herum stank es erbärmlich, außerdem war es donnernd laut. Doch der Chef behielt in diesem ganzen Irrsinn eine bewundernswerte Ruhe und stellte mir seine Werkstatt zur Verfügung.

Obwohl ich so etwas nie gelernt hatte, entwarf ich die folgenden Tage in dieser Hinterhofbutze zahlreiche Motive. Das funktionierte so, dass ich mir aus verschiedensten Vorlagen Bilder oder Grafiken aussuchte – und dann neu zusammenstellte. Mit meinen Ideen ging ich dann zu den Fabriken in der unmittelbaren Umgebung und gab die Teile in Auftrag. Meine türkischen Freunde wussten genau, an wen ich mich wenden musste. Und so organisierte ich einen, der uns den Stoff lieferte, einen, der die Sachen zuschnitt, einen für die Etiketten, einen für die Reißverschlüsse und so weiter. Wie ein Puzzle bauten wir uns unsere Klamotten zusammen und schafften es innerhalb weniger Wochen, eine ganze Kollektion aus dem Boden zu stampfen. Ich überlegte mir für die Linie einen griffigen Namen, der allerdings keinen weiteren Sinn hatte: Wingswind.

Sofort danach brachten wir die Wingswind-Sachen nach Köln, um sie in einem alten Flugzeughangar fotografieren zu lassen. Natürlich hatten wir immer noch keine Kohle für eine große Produktion. Immerhin musste unser Bekannter nicht mehr in die Bresche springen: Für einen professionellen Mode-Fotografen reichte es jetzt erstmals! Dafür durfte neben Carmen, die dankenswerterweise gleich noch ein paar Freundinnen mit anschleppte, auch mein Bruder Michael als Model ran. Ich wollte ja nicht gleich übermütig werden! Zumal mich die Druckkosten von dem Ding schlaflose Nächte kosteten: Diesmal war nämlich alles in Farbe, und bei der Auflage gingen wir richtig in die Vollen und ließen hunderttausend Stück herstellen!

MiRo hatte nun einen richtigen Katalog, mit sechzehn Seiten und eigenen und vor allem fertigen Produkten drin. Das Teil ging an den inzwischen bewährten Verteiler raus, dazu noch an ein paar tausend Friseursalons. Blöd war nur, dass wir zwischen dem Erstellen der Kollektion und den ersten Bestellungen ziemlich viel Zeit überbrücken mussten. Das hatten wir in dieser Tragweite nicht auf dem Schirm. So vergingen mehrere Monate, in denen keinerlei Geld hereinkam.

In unserer geschäftlichen Not kauften wir immer samstags marode Gebrauchtwagen auf, ließen sie von einem befreundeten Kfz-Mechaniker wieder so gut wie möglich zusammenschrauben und verkauften sie wieder. Das brachte zwar jeweils immer nur ein paar hundert Mark ein. Aber wir brauchten einfach jeden einzelnen Pfennig für unsere Firma! Und warten konnte ich noch nie. Das kann ich auch heute noch nicht!

Zu dieser Zeit kam ein Kontakt zustande, ohne den die ganze weitere Geschichte niemals möglich gewesen wäre. Irgendwie hatte es sich wohl in der Branche herumgesprochen, dass es da in Köln zwei Typen gab, die ein durchaus vielversprechendes Geschäft mit Sportkleidung aufzogen. Eines Tages meldete sich bei uns ein etablierter Textilunternehmer, der ebenfalls aus der Türkei stammte, sich aber in Deutschland längst eine Existenz aufgebaut hatte: Ekrem hieß der Mann. Er trug immer Sakko mit Krawatte und hatte in der Türkei wirklich große Fabriken am Start. Es war klar: Der wollte mit uns große Brötchen backen.

»Ihr braucht viel und das schnell?«, fragte er mich gleich bei unserem ersten Treffen.

»So sieht's aus«, sagte ich.

»Dann seid Ihr bei mir richtig!«

Diese direkte Art gefiel mir. Ekrem war irgendwie genau zur richtigen Zeit am richtigen Ort. Und der war in diesem Fall mein Büro. Um zu testen, ob er wirklich das hielt, was er uns versprach, gab ich ihm rund zwanzig Muster aus unserer Kollektion mit, die er in seinen Fabriken nachnähen lassen sollte.

»Wenn Du echt so gut bist, wie Du sagst, dann flieg' in die Türkei und komm' mit zwanzig Gegenmustern wieder. Wenn die passen, dann lassen wir die bei Dir anfertigen – und zwar im großen Stil«, versprach ich.

»Kein Problem«, sagte Ekrem.

Keine zwei Wochen später schlug er wieder bei uns auf. Er hatte tatsächlich die zwanzig Muster im Gepäck. Sie waren allesamt absolut perfekt. Ich gab ihm den ersten Auftrag. Auch hier lief alles wie geschmiert. Mit diesem Kerl an unserer Seite konnten wir ganz groß werden. Das spürte ich! Und aus »MiRo Sportswear« wurde »Uncle Sam«. Wie genau – das ist allerdings eine andere Story ...

Jedenfalls lagen unsere Prospekte nun zigtausendfach im ganzen Land herum. Bei so vielen potenziellen Kunden mussten wir einfach noch mehr bieten! Den zweiten richtigen Katalog ließen wir aus diesem Grund schon nicht mehr in Köln fotografieren. Ich war der Meinung, dass wir für unsere Aufnahmen eine geile Kulisse brauchten.

Wir fuhren mit ein paar Freunden ins Ferienhaus meiner Eltern nach Calpe. Die Gegend dort war für unseren Zweck ideal: Der blaue Himmel und die weißen Wände bildeten einen perfekten Kontrast zu den regenbogenfarbenen Klamotten. Die hatte ein Bekannter von uns zuvor kistenweise in einem angemieteten Wohnmobil nach Spanien gekarrt, um uns das sündteure Übergepäck im Flieger zu sparen. Natürlich tauchte auch diesmal Carmen wieder als bewährtes Fotomodell auf. Immer nach den Aufnahmen am Abend ließen wir es uns dann bei Wein und Grillfleisch gut gehen. In den paar Tagen dieses Shootings breitete sich eine völlig relaxte Ferienstimmung unter allen Beteiligten aus. So entspannt sollte es die nächsten Jahre nie wieder werden, denn im Laufe der Zeit wurden die Produktionen immer aufwändiger!

Für den folgenden Katalog ging es nur mit Carmen und ein paar Kumpels nicht mehr. Ich setzte jetzt mehr und mehr auf die Bodybuilding-Schiene. Das war eine echte Marktlücke, weil es eine eigene Marke nur für diese Klientel im Grunde nicht gab. Vor allem aber gab es keine spezielle Kleidung, die an die Proportionen dieser Damen und Herren angepasst war: Mit einem Oberschenkelumfang von hundertzwanzig Zentimetern kommst Du eben in keine normale Trainingshose mehr! Also entwickelten wir Sachen, die speziell auf diese Bedürfnisse abgestimmt waren. So war unsere »Stripes«-Hose, die wir damals neu ins Programm nahmen, bis zum Schluss ein Mega-Renner. Sie verkaufte sich im Laufe der Jahre fast eine Viertelmillion Mal. Die Hose hatte dabei nicht nur Platz für Beine, die wie Baumstämme aussahen, son dern auch Längsstreifen, und die machen ja bekanntlich schlank.

Also buchten wir das erste Mal professionelle Bodybuilder. Die verstanden was von ihrem Metier. Und sie verstanden leider auch was vom Kassieren, denn teilweise nahmen sie von uns tausend Mark am Tag. Wir hatten dafür aber auch einen echten Star am Set: John Brown war zweimaliger Mister Universe und sah aus wie Hulk, nur in schwarz. So viele Muskeln hatte ich noch nie zuvor gesehen! Auf Johns Sixpack hätte man Kartoffeln reiben können, und sein Oberarm wäre bei normalen Männern als Taille durchgegangen. Aber John war damit perfekt für die neue »Uncle Sam«-Schiene. Es wirkte so, als hätten wir manche Klamotten nur für ihn gemacht. Mit ihm bekamen wir noch mal einen richtigen Schub.

In diesem Stil ging es weiter. Wir machten zwei, drei Kataloge pro Jahr. Mal ging's nach Las Vegas, mal in die Türkei. Schließlich hatte ich den Art Déco District von Miami ausgesucht. Ich fand, dass die bunte Szenerie dort und der knallblaue Himmel perfekt zu unserem coolen Image passen würden. Die von mir beauftragte Agentur hatte alles perfekt organisiert. Ich zog die Spendierhosen an und ließ für das gesamte Team Business Class-Flüge mit der Lufthansa springen. Das kostete für an die zwanzig Mann zwar ein wahnsinniges Geld! Aber ich wäre mir blöd dabei vorgekommen, wenn ich wegen meiner immer größer werdenden Flugangst vorne schön bequem im

Liegestühlchen lag, während sich die anderen hinten in die Holzklasse quetschten.

Doch in der Nacht vor dem Abflug wachte ich schweißgebadet auf. Am Nachmittag hatte ich mich über eine Kleinigkeit im vorgesehenen Produktionsablauf geärgert. Die Sache ging mir nicht mehr aus dem Kopf. Ich deutete das als schlechtes Omen und weckte Carmen.

»Wir können nicht fliegen!«, sagte ich.

»Du spinnst doch«, antwortete Carmen. »Wir haben doch schon alles gebucht. Überleg mal wie teuer das alles war.«

»Scheiß aufs Geld!«, sagte ich. »Wir sagen das ab. Es geht nicht. Ich hab' da keinen Bock drauf!«

Danach schlief ich wieder ein.

Am nächsten Morgen informierte ich zuerst die Agentur. Natürlich waren die Leute stinksauer auf mich. Das wurde auch nicht besser, als ich zwei Stunden später in der Firma der versammelten Mannschaft und den angefressenen Werbefuzzis meinen Alternativplan vorschlug, den ich mir ausgedacht hatte:

»Wir machen die ganze Geschichte jetzt in der Eifel«, verkündete ich.

In den Gesichtern meiner Leute konnte ich sehen, dass jeder dachte, ich hätte einen an der Waffel. Aber ich meinte es verdammt ernst! Wir konnten die Tickets nicht mehr vollständig stornieren und schmissen sie in den Papierkorb.

Einen Tag später ging es mit einem eilig gecharterten Bus tatsächlich in die Eifel. Wir begannen, unsere Produktion aufzubauen und die ersten Aufnahmen zu machen. Leider muss ich gestehen, dass das Wetter zwischen Euskirchen und Monschau nicht ganz so verlässlich ist wie die Sonne Floridas. Nach zwei noch halbwegs ordentlichen Tagen begann es am dritten Tag wie aus Eimern zu schütten. Die Stimmung war am Tiefpunkt. Wir mussten ja unsere kommende Sommerkollektion fotografieren! Doch selbst ein noch so knappes Tank Top an einem gut gebauten Model sieht bei Nieselregen einfach scheiße aus. Ich gab zähneknirschend nach und machte über einen Reiseveranstalter Flüge auf die Malediven ausfindig. Die ließ ich dann für die Truppe buchen. Selber bin ich allerdings nicht mitgeflogen – zum ersten Mal. Ich wollte einfach nicht mehr.

Ganz konnte ich mich aber nicht um die Fliegerei drücken. Schon ein paar Monate später musste ich notgedrungen über Chicago erneut mit nach Las Vegas, wo wir geheiratet haben, wie Euch Carmen ja schon erzählt hat. Anschließend fotografierten wir unsere Sachen vor der Wahnsinns-Kulisse des Monument Valley. Der Job an sich war Routine. Nach einer Woche hatten wir alles im Kasten. Doch ich wollte nur noch nach Hause, denn in den letzten ein, zwei Tagen hatte ich affenartige Zahnschmerzen bekommen. Ich musste dringend zum Arzt meines Vertrauens.

Der Rückflug war tatsächlich die erste Non-Stop-Verbindung, die es von Vegas nach Köln gab. Und ich meine wirklich die Allererste! Denn wir hatten ohne es zu wissen den Jungfernflug gebucht, der mit großem Zinnober vonstattengehen sollte! Die Passagiere bekamen Champagner zur Begrüßung. Das wirklich Besondere aber war, dass sich die Werbefuzzis der Fluglinie als Überraschung ausgedacht hatten, die Maschine durch den Grand Canyon fliegen zu lassen. Mir ging das alles am Arsch vorbei. Mein Zahnweh brachte mich an den Rand der Verzweiflung.

Der Schampus und die Schmerztabletten wollten gerade anfangen zu wirken. Da gerieten wir mitten über dem Atlantik in die schlimmsten Turbulenzen, die ich jemals erlebt habe. Der Vogel wackelte wie eine morsche Pappel in einem Tornado. Wir stürzten mehrmals zwei-, dreihundert Meter tief in ein Luftloch. Mir wurde heiß und kalt. Die meisten Mitreisenden schrien oder weinten. Ich fing an mir vorzustellen, wie mein Bruder die Firma ohne mich weiterführen würde. Carmen war bei mir. Sie würde also mit mir in den Tod segeln. Das war zwar schlimm, aber immerhin würde sie dann in ihrem Kummer nicht was mit jemand anderem anfangen.

Nach einer halben Stunde Höllenangst war der Spuk vorbei. Meine Panik wich langsam wieder den Schmerzen. Ich schwor mir, nie wieder in so einen Vogel zu steigen. Das habe ich natürlich nicht auf Dauer durchgehalten. Aber seit diesem Tag habe ich irrsinnigen Respekt vor der Schwerkraft. Und eine ganz schlechte Beziehung zu Flugzeugen.

Nach ein paar Jahren, in denen aus der kleinen »MiRo«-Sportswear-Klitsche das große Textilunternehmen »Uncle Sam« wurde, wurden nun auch ganz andere Leute auf uns aufmerksam. Das lag auch ein bisschen an einem netten jungen Typen namens Alexander Nestor Haddaway. Nestor stammte aus Trinidad und war später mit seinen Eltern nach Köln gezogen. Dort spielte er American Football und verdiente sich nebenher ein paar Kröten, indem er bei Modenschauen als Tänzer auftrat. Auch für uns hatte er auf diversen Fitness-Messen schon einige tolle Shows abgeliefert. Bei einer davon wurde er irgendwann von einer Musik-Produzentin entdeckt, die ihm den Hit »What is Love« auf den durchtrainierten Leib schrieb. Der Song startete weltweit durch, stieg in Deutschland und England auf Platz zwei und in den USA immerhin auf Platz elf der Charts. Nestor war nun ein Mega-Star. Aber das Kuriose war: Er trat auch weiterhin an unseren Messeständen auf, weil es ihm einfach Spaß machte! Allerdings durften wir niemandem erzählen, wer da auf der Bühne herumhopste. Sein Management hatte etwas dagegen. Natürlich sickerte trotzdem durch, dass Haddaway mit Uncle Sam gemeinsame Sache machte.

Das Ganze nahm schnell eine gewisse Eigendynamik an. Es war kein Geheimnis, dass ich immer schon ein Faible für schnelle Autos hatte. Deshalb sagte ich auch sofort zu, als wir gefragt wurden, ob wir Frank Schmickler sponsern wollten. Schmickler fuhr seinerzeit im Porsche Supercup. Das war genau nach meinem Geschmack! Dieser Wettbewerb fand im Rahmen der Formel-1-Weltmeisterschaft statt. Und als Sponsor durfte man natürlich überall ganz vorne mit dabei sein – selbstverständlich auch beim Rennen in Monaco. Das hatte mich immer schon fasziniert. Ich saß auf der Tribüne oberhalb der Boxengasse und schaute in einer Rennpause gedankenverloren in den Himmel über der Côte d'Azur. Das hatte was! Da kann noch so ein ausdauerndes Hochdruckgebiet über Köln liegen, eine solche Farbe kriegte die Sonne bei uns einfach nicht hin.

Die Verträge mit Frank Schmickler waren kaum unterschrieben, da kam ein Anruf vom Management von Michael Schumacher. Schumacher fuhr gerade seine dritte oder vierte Saison in der Formel-1 und galt als größtes Talent der letzten Jahrzehnte. Schumis Agentur bot uns den Frontflügel seines Benetton an. Doch Formel-1 war schon damals richtig teuer. Ich lehnte ab. Auch, weil ich nicht absehen konnte, wie groß Schumi einmal werden würde.

Genauso ging es uns mit Henry Maske: Auch ihn sollten wir zu jener Zeit ausstatten. Maske war Mitte Zwanzig und gerade IBF-Weltmeister geworden. Seine spätere Entwicklung war so nicht vorhersehbar. Mittelgewichtsboxen fand ich außerdem eher langweilig. Wenn schon, dann musste Uncle Sam im Schwergewicht vertreten sein!

Zum Glück hatte Maskes Manager noch einen anderen aufstrebenden Boxer im Angebot, der in meiner bevorzugten Gewichtsklasse antrat: Axel Schulz war zwar bislang »nur« Deutscher Meister, aber er hatte einen unschätzbaren Vorteil: Axel hatte, ganz ohne unser Zutun, ein Riesen-Faible für unsere Klamotten. So war es kein Problem für meinen Bruder, mit der Schulz-Seite einen coolen Deal auszuhandeln: Für jeden Kampf von Axel Schulz, der im Fernsehen übertragen wurde, gab's zehntausend Mark Prämie. Und unabhängig davon »Uncle Sam«-Sachen, bis die Schränke zusammenkrachten. Axel freute sich wie ein Kind. Und für uns war das ein gutes Geschäft. Das wurde noch viel besser, als er kurze Zeit später dann tatsächlich gegen George Foreman ran durfte – und diesen Kampf nur durch Beschiss verlor. Der Fight fand mitten in der Nacht statt. Trotzdem sahen fast vier Millionen Menschen zu. Schulz war über Nacht berühmt – und wir mit ihm. Irgendwann hat sein Manager dann die Krise bekommen und uns genötigt, die Sponsorsumme drastisch aufzustocken. Dafür machte der wirklich grundsympathische Axel, der ein richtiger Freund geworden ist, fast alles mit, was wir ihm vorschlugen. Ich glaube, er joggt noch heute mit einem »Uncle Sam«-Käppi durch den Wald.

Unser nächster Katalog brach auch dank der vielfältigen Werbemaßnahmen alle Rekorde! Das Ding war 218 Seiten stark. Allein der Druck verschlang einen siebenstelligen Betrag. Wir hatten inzwischen auch eine eigene Ski- und eine Tennis-Kollektion. Dazu gab's »Uncle Sam«-Unterwäsche, Schuhe, Uhren und vieles mehr.

Insgesamt beschäftigten wir nun rund hundertzwanzig Mitarbeiter. Das war aber ein Klacks im Vergleich zu den Beschäftigten, die in der Türkei zumindest teilweise von uns lebten: Knapp fünftausend Menschen, schätze ich, waren in und um Istanbul an der Produktion unserer Kleidung und sonstiger Artikel beteiligt. Wir hatten sogar eigene Boutiquen, heute würde man sagen: Flagship Stores, in Köln sowie im holländischen Venlo eröffnet, um der Nachfrage Herr zu werden. Außerdem hatten wir große Zweigstellen in Frankreich und im Euromoda in Neuss, dazu kleinere Vertretungen in Spanien, Österreich, Belgien und der Schweiz. Wir waren eine richtig große Nummer geworden!

***

Als Unternehmer kommst Du im Grunde genommen immer irgendwann an einen Punkt, an dem Du Dich entscheiden musst, ob Du dauerhaft auf der Stelle treten willst. Oder ob Du nicht doch lieber eine Schippe drauflegst, um voranzukommen. Ich bin mit der letzteren Methode immer gut gefahren! Hätten wir seinerzeit weiterhin selber unseren Katalog kopiert und die Klamotten im Nebenraum mit der Handpresse angefertigt, würde ich wahrscheinlich heute noch meine T-Shirts auf Wochenmärkten verkaufen. Oder als Powerseller auf eBay. Den Lebensunterhalt mag das vielleicht gerade noch sichern, aber richtig groß wirst Du nur, wenn Du zum richtigen Zeitpunkt auch mal auf den Putz haust. So, wie wir das mit den sündteuren Foto-Produktionen und später mit unseren Werbe-Gesichtern veranstaltet haben. Wer da am falschen Ende spart, der wird immer eine kleine Nummer im Business bleiben!

10. »Erweitere Deinen Horizont« –
Carmen

Früher, als die Firma immer größer und größer wurde, haben wir – wenn überhaupt – höchstens mal einen Kurzurlaub eingelegt. Richtig erholen konnten wir uns während der paar läppischen Tage in Spanien oder der Türkei aber nicht, weil Robert mit seinen Gedanken immer bei irgendwelchen neuen Designs war oder den bevorstehenden Verhandlungen mit einem Lieferanten. So spannend und erfolgreich diese Zeit auch war: Irgendwann drohte uns der gute »Uncle Sam« wirklich mit Haut und Haaren zu verschlingen!

Insofern ist ein wahrer Felsbrocken von uns abgefallen, als wir unmittelbar nach dem Verkauf des Unternehmens das erste Mal auf unserem Balkon des Hotel de Paris in Monte Carlo standen, weit hinaus aufs Meer geschaut haben – und wussten: So sehr stressen wie in den letzten zehn Jahren müssen wir uns, wenn wir uns nicht ganz dusselig anstellen, nie wieder! Trotzdem war uns beiden im Grunde klar, dass es auch nicht besonders erfüllend sein würde, auf Lebenszeit jeden Tag auszuschlafen, anschließend am Strand oder am Pool die Füße hochzulegen und abends schön essen zu gehen oder am Ende noch Party zu machen.

Dabei half uns unsere rheinische Mentalität sicherlich ein wenig. Den Menschen zwischen Emmerich und Bonn wird ja im Allgemeinen nachgesagt, Fremden und Fremdem gegenüber etwas aufgeschlossener zu sein als manch andere. In unserem Fall kann ich das nur bestätigen. Nachdem unsere Partnerschaft schon eine ausreichende Konstante in unserem Leben war, suchten wir gerne stets eine gewisse Veränderung, um unseren Horizont zu erweitern. Der Umzug vom für unseren Geschmack manchmal etwas zu verkrampften Deutschland ins eher legere Frankreich war hier der erste Schritt. Dass wir jedoch bis zum Rentenalter in Monaco bleiben, glaube ich aber auch eher nicht, denn ein gewisser Entdeckergeist schlummerte schon immer in Robert und mir. Wenn also die Kinder mal aus der Schule sind, kann ich mir gut vorstellen, dass wir für ein paar Jahre ganz woanders unsere Zelte aufschlagen.

In diesem Zusammenhang trifft es sich natürlich perfekt, dass wir für unsere Fernsehserie rund um den Globus reisen dürfen, um jede Menge neue Erfahrungen zu sammeln. Spannend war es überall, aber nicht überall muss ich auch wieder hin! Ich würde Euch gerne einige ganz besondere Ziele vorstellen, die mir trotz der unzähligen Flug- und Seemeilen, die wir zurückgelegt haben, in guter Erinnerung geblieben oder mir einfach ans Herz gewachsen sind:

Venedig

In der viel besungenen Lagunenstadt waren wir erst im letzten Frühsommer, weil Robert mir als Überraschung ein verlängertes Wochenende in Italien zum Geburtstag geschenkt hat, und zwar inklusive eines typischen venezianischen Komplettprogramms. Angesichts dessen, dass es sich bei meinem Mann sicherlich um einen der unromantischsten Menschen auf Gottes Erde handelt, war das der größtmögliche Liebesbeweis, den ich mir je hätte vorstellen können!

Diese märchenhafte Stadt war von der ersten Sekunde an ein Ort, der auf mich einen ganz besonderen Zauber ausübte. Den italienischen Beinamen »La Serenissima«, auf Deutsch »Die Durchlauchte«, hat das gute Venezia jedenfalls meines Erachtens vollkommen zurecht. Schon die erste Bootsfahrt durch die Kanäle nach unserer Ankunft hat mich total umgehauen. Alles um uns herum sah irgendwie aus wie die perfekte Kulisse eines epochalen Hollywood-Films: der Dogenpalast, die Seufzerbrücke, der Canale Grande oder der Markusplatz. Da können die in Las Vegas oder in China die Bauten noch so detailgetreu kopieren, an das Original kommen die einfach nicht ran.

Natürlich mussten wir als original Kölsche Jecken auch den Reiz des venezianischen Karneval ausprobieren. In einer kleinen und total putzigen Werkstatt durften wir uns unsere eigenen Masken bemalen. Während ich die Angelegenheit so filigran wie möglich anging, suchte sich mein Robert ein Exemplar mit einem riesigen Zinken aus und kleisterte es mit schwarzer Farbe zu. Mit den selbstgemachten Dingern auf dem Kopf bummelten wir anschließend durch die Gassen. Wahrscheinlich macht das der normale Venezianer außerhalb des Faschings eher selten, aber aufgefallen sind wir trotzdem nicht!

Im Anschluss daran besuchten wir ein traditionelles Kostüm-Atelier, in dem teilweise dreihundert Jahre alte Roben hingen, die noch mit echten Silberfäden gearbeitet waren. Das war ja nun genau meins! Gäbe es eine Zeitmaschine, hätte ich mich auf der Stelle in die Ära des Barock gebeamt, die in diesem Laden zumindest auf ein paar Quadratmetern wieder auflebte. Damals hätte ich an jedem Tag aussehen können wie eine echte Prinzessin oder sogar eine Königin. In der Gegenwart konnte ich das ja noch nicht mal bei meiner eigenen Hochzeit! Das üppige Kleid, das ich anprobierte, war der Burner – und noch dazu erstaunlicherweise hammerbequem. So gekleidet, haben wir vor dem Geschäft in der Sonne das wahrscheinlich romantischste Urlaubsfoto der Welt gemacht.

Am nächsten Tag schauten wir in einer berühmten Glas-Bläserei vorbei. Das, was die Leute da drin so behutsam mit diesem zerbrechlichen Material anstellten, faszinierte mich total. Die verkauften teilweise Lampen für knapp hundertvierzigtausend Euro, an denen sie aber wochenlang arbeiteten. Und ein einziger falscher Handgriff konnte alles kaputt machen – da brauchte man außer Geschick auch wirklich starke

Nerven! Wie in Italien üblich, waren aber ausschließlich Männer als Kunsthandwerker am Start. Natürlich musste ich die Ehre von uns Frauen retten – ausgerechnet bei einer edlen Vase für immer noch dreitausend Euro! Aber es klappte: Ich war so vorsichtig wie es ging, das Ding blieb ganz, und der strenge Künstler lobte mich sogar für mein Geschick. Darauf war ich ein kleines bisschen stolz. Vor allem, weil mein skeptischer Gatte dabei zuguckte und sicher nur darauf wartete, dass das Ding wegen mir in tausend Teile zerfiel.

Zum Abschluss des Aufenthalts gab es am Abend noch eine Gondelfahrt ganz alleine mit Robert! In der Dämmerung wirkte alles noch mal außergewöhnlicher. Ich muss gestehen, dass ich ihm nicht zugetraut hätte, sich derart ins Zeug zu legen. Mehr Romantik ging eigentlich nicht. Der Gute hat unter seiner rauen Schale eben doch einen butterweichen Kern. Und auch wenn das vielleicht etwas kitschig klingt – insgesamt war dieser kleine Venedig-Trip eines der schönsten Erlebnisse meines Lebens!

Solltet Ihr Eurem Partner also mal eine Extra-Dosis Gefühl verpassen wollen, vielleicht, weil Ihr etwas Dummes angestellt habt oder weil Ihr auf diese Weise einfach Eure Liebe ausdrücken wollt, dann müsst Ihr unbedingt nach Venedig. Wer auch nur einen Funken Feingefühl im Leib hat, den wird diese Stadt umhauen. Das verspreche ich Euch!

Saint Tropez

Dieser sonnige Flecken Erde hat eine enorme Bedeutung für uns. Robert hat Euch ja bereits erzählt, wie und warum er unseren ersten Aufenthalt dort mir nichts, Dir nichts abgebrochen hat. Noch wichtiger für die Geschichte der Geissens ist aber, dass wir später hierher zurückgekehrt sind, um uns häuslich niederzulassen. Die legendäre »Villa Geissini« ist seit vielen Jahren unser Zufluchts- und Rückzugsort, wenn wir mal ein paar Tage niemanden hören und sehen wollen. Und sie ist natürlich Schauplatz unserer berühmt-berüchtigten Geburtstagspartys für Davina und Shania. Genau dieser Spagat macht den Charme von Saint Tropez aus: Abgeschiedenheit auf der einen Seite, abgefahrene Feten auf der anderen, das ist hier eben kein Widerspruch.

Dabei existiert dieses im Grunde genommen nicht besonders große Fischerdörfchen eigentlich zwei Mal – im Winter und im Sommer. Von Oktober bis April hat man dort weitestgehend seine Ruhe. Aber alljährlich von Mai bis September geht der Trubel los, und der Ort verwandelt sich zu einem Tummelplatz des internationalen Jet Set! Dann sieht man in den engen Gassen zwischen dem Hafen und Altstadt mehr Nobelkarossen als auf dem Genfer Autosalon, und die Nobel-Boutiquen-Dichte ist höher als auf der Münchner Maximilianstraße.

Schuld an dem ganzen Hype soll übrigens der legendäre Playboy Gunter Sachs sein, der in den Sechzigern mit seiner damaligen Frau Brigitte Bardot über Jahre hinweg jeden Sommer die Nacht zum Tag machte und damit scharenweise andere Stars und Sternchen und dementsprechend noch mehr Paparazzi aus aller Herren Ländern anlockte. Und je mehr Fotos die internationalen Klatschblätter druckten, umso mehr wollten bei der großen Sause in St. Trop, wie die Einheimischen ihr Nest nennen, dabei sein. Aber vielleicht fanden es der gute Gunter, seine Brigitte und all die anderen VIPs einfach auch nur schön dort, so wie wir. Dass man dabei auch noch ein bisschen Party machen kann und dabei dem einen oder anderen A1-Promi begegnet, tut dem ja keinen Abbruch.

Besonderen Charme hat die geographische Lage des Dorfes auf einer Halbinsel. Auf der einen Seite, mitten in einer windgeschützten Bucht, liegt der Yachthafen mit seiner berühmten Promenade und der historischen Zitadelle. Hier kann man bummeln, beobachten und natürlich ganz hervorragend shoppen. Auf der anderen, offenen Meerseite ein paar Kilometer außerhalb der Ortschaft, befinden sich die herrlichen Strände mit ihren bekannten Beachclubs. Im »Nikki Beach«, dem »Club 55«, dem »Tahiti Beach« oder dem »Les Palmiers« gibt's nicht nur echte Spitzen-Küche. Hier geht wirklich die absolute Post ab! Klar, wir sind heutzutage meistens nur noch zum Lunch dort, aber nicht wenige feiern bis zum Frühstück am nächsten Morgen durch. Vollkommen verrückt, aber wenigstens ein Mal sollte man so etwas schon gemacht haben, um zu spüren, dass man lebt! Arbeiten kann man dann ja am nächsten Tag wieder.

»Die Welt ist mein Zuhause.«

Zugegebenermaßen ist Saint Tropez nix für den kleinen Geldbeutel. Da kann es durchaus passieren, dass ein Tässchen Café au Lait in einem gewöhnlichen Bistro mit sechs, sieben Euro zu Buche schlägt, und ein reicher Araber soll für ein ausgiebiges Mittagessen im Nikki Beach für sich und seine Entourage mit Kaviar, Langusten, Sushi und ein paar Methusalem-Flaschen Schampus schon mal hundertsiebentausend Euro hingeblättert haben.

Gucken aber kostet auch hier nix, und das ist in der Hauptsaison auf jeden Fall spannend. Wo sonst trifft man Rihanna morgens beim Shoppen, mittags Tom Cruise beim Kaffee und abends Kate Moss in der Disco? Wenn Euch also mal die Neugier packt und Ihr einen Blick in das Leben der Reichen und Schönen wagen wollt, geht das hier vollkommen problemlos. Die Einheimischen sind den Rummel gewohnt, und die Stars, die hier von ihren Yachten klettern, würden nicht herkommen, wenn sie keinen Bock auf Fans und Touristen hätten. Übrigens: Urlaub machen lässt es sich ein paar Kilometer außerhalb von Saint Tropez genauso schön, nur ein bisschen preiswerter. Und wer weiß: Vielleicht seht Ihr auch eine Luxusyacht, die Euch einen ähnlichen Ansporn gibt wie das seinerseits bei Robert der Fall war – und wir sind demnächst sogar Nachbarn.

Hongkong

Wohl nirgendwo war der Kulturschock größer als in dieser Wahnsinns-Stadt im Süden Chinas. Das fing schon beim Einsteigen ins Auto am Flughafen an. Hier ist nämlich noch Linksverkehr, weil Hongkong ja mal britische Kolonie war, also befand sich auch das Lenkrad auf der anderen Seite. Als wir uns dann sortiert hatten, war unser erster Eindruck bei der Fahrt in die City: Alles war mega-laut, mega-bunt, mega-chaotisch – und es gab wirklich waaaahnsinnig viele Menschen!

Dass der Kapitalismus inzwischen auch China voll im Griff hat, merkte man schon am Hotel. Unsere Unterkunft war nicht übel und befand sich mitten im Zentrum. Am nächsten Morgen unternahmen wir unseren ersten Ausflug im Reich der Mitte – zu einem Vogelmarkt. So etwas Abgefahrenes hatte ich zuvor noch nie gesehen: Überall waren Wellensittiche oder Papageien en Gros ausgestellt, die man aussuchen konnte wie bei uns Obst und Gemüse – quasi »Birds to go«. Noch weitaus seltsamer aber war das, was es sonst noch dort zu kaufen gab: Jede Menge Insekten nämlich, die als kleiner Snack für zwischendurch angeboten wurden – oder für was auch immer. Überhaupt gab es überall lebende Tiere in Kästen, Tonnen oder Kartons – Frösche, Schildkröten oder Krebse. Es heißt ja, dass die Chinesen aus so ziemlich allem Getier etwas zubereiten können. Dieses Klischee hat sich schon auf diesem Markt absolut bestätigt!

Roberts Vater Reinhold, der sich durch seine früheren Export/Import-Geschäfte in Hongkong noch bestens auskannte, führte uns mit einem Scout an die abgelegensten Ecken dieser Acht-Millionen-Stadt. Auf dem so genannten »Ladies Market« gab es außer Zigtausenden von billigen Klamotten, die kreuz und quer zwischen unzähligen Ständen aufgehängt waren, auch eher frivole Kleidungsstücke, die bei uns höchstens irgendwo unter dem Ladentisch gehandelt würden. Prüde waren die Leute hier jedenfalls nicht. Anschließend gingen wir in einem wirklich sehr landestypischen Restaurant essen. Und landestypisch bedeutete: Es gab keine englische Speisekarte, ich sah überall nur kantonesische Schriftzeichen und verstand Bahnhof. Dazu herrschte, nun ja, nicht gerade klinische Sauberkeit. Ich hatte nach der Erfahrung auf dem Vogelmarkt erhebliche Bedenken, was der Koch alles in den Wok werfen würde, aber wenn wir schon hier waren, dann durften wir keine Berührungsängste haben. Auch wenn danach unser Magen etwas grummelte – wir überlebten das Menü.

Allerdings war ich gelinde gesagt etwas geschockt, wie teuer das Leben in Hongkong sein konnte. Das erschloss sich beim Blick auf die schäbigen Fassaden, die kreuz und quer verlaufenden Stromleitungen, das unübersichtliche Gewirr aus Fenstern und winzigen Balkonen, eher nicht. Aber unser Guide erzählte uns, dass die Stadt in der Zwischenzeit zu den zehn teuersten Orten auf der Welt zählte – und das merkte ich leider bei meinem obligatorischen Besuch beim Frisör. Und obwohl der Maestro weitaus mehr verlangte als jeder mir bekannte Coiffeur in Monaco, föhnte er mir die Haare zusammen wie ein Stift am dritten Lehr-Tag. Eine echte Enttäuschung – aber das nur am Rande.

Obwohl es Robert, der zuletzt vor einem Vierteljahrhundert hier war, nicht wirklich gefiel, saugte ich alles an Eindrücken auf, was ich aufnehmen konnte – wer weiß, ob ich noch mal herkommen würde: die Abermillionen Lichter und Leuchtreklamen, die dafür sorgten, dass es nachts heller war als tagsüber an der Cote d'Azur, das Gewusel auf der Straße, die Bootsfahrt auf eine traditionelle Insel, auf der es aussah wie vor hundert Jahren, die Laser-Show vor der atemberaubenden Skyline.

Ich muss gestehen, dass ich im ersten Moment, als wir aus Hongkong zurückkehrten, einfach nur froh war, wieder Zuhause zu sein. Aber nach und nach kamen die vielen Eindrücke in meinem Kopf an – und ich zog aus diesem Trip vor allem die Erkenntnis, wie unglaublich vielfältig unsere Welt doch ist und wie verschieden die Menschen. Und wie gut es uns eigentlich geht – und damit meine ich nicht den

Luxus, den wir uns leisten können, sondern ganz elementare Dinge wie sauberes Trinkwasser, geteerte Straßen oder eine sichere Stromversorgung. Auch das gehört zu den Erfahrungen, die man während eines Lebens unbedingt machen sollte: Nicht alles ist auf den ersten Blick schön. Manches muss man erst sacken lassen und seine Schlüsse daraus ziehen!

Kitzbühel

Diese wohl berühmteste Kleinstadt des gesamten Alpenraumes haben wir uns deshalb als einen unserer festen Wohnsitze ausgesucht, weil sie so ganz anders ist, als all die anderen Orte, an denen wir uns für gewöhnlich aufhalten. Das liegt vor allem am beeindruckenden Panorama, das man in Kitzbühel hat, schon allein, wenn man einfach nur aus dem Fenster guckt: Obwohl wir eigentlich die Sonne und das Meer lieben, geht uns wie wahrscheinlich allen anderen hier das Herz auf, wenn wir auf den imposanten Wilden Kaiser blicken oder den berühmten Hahnenkamm. Und es liegt an der sprichwörtlichen Gastlichkeit der Tiroler, die trotz der zigtausend Touristen, die hier im Sommer und Winter Urlaub machen, immer sehr herzlich geblieben sind.

Kitzbühel ist in erster Linie einfach urgemütlich. Es gibt jede Menge rustikale Almhütten, Gasthäuser oder gar Sterne-Restaurants, die allesamt den Charme eines alten Bergbauernhofs haben. In der Altstadt findet man enge Gässchen mit kleinen Andenken- oder Kunsthandwerksläden genauso wie edle Boutiquen bekannter und (noch) unbekannter Designer. Bemerkenswert finde ich dabei, dass praktisch überall – egal ob beim Baustil der Häuser oder beim Styling in der Mode – der alpenländische Stil immer weiterentwickelt wurde, ohne dass es kitschig oder gar albern wirken würde. Nicht zuletzt deshalb hat mich dieser Ort zu meiner eigenen Dirndl-Kollektion inspiriert, die eine Mischung aus Tradition und Moderne ist und ein Stückchen »Kitzbühel-Feeling« für Zuhause bringt. Nebenbei bemerkt sieht eine Frau in einem Dirndl unabhängig von der Figur eigentlich immer gut aus. Zum Beispiel auf einer Party.

Und da kommen wir schon zum zweiten Punkt, weshalb es uns in »Kitz« so gut gefällt: Weil man auch hier ganz hervorragend feiern kann, zum Beispiel während des legendären Hahnenkamm-Rennens, das alljährlich Ende Januar stattfindet und knapp hunderttausend Zuschauer aus aller Welt anlockt. Man glaubt gar nicht, was dann in einem Städtchen mit gerade mal achttausend Einwohnern los sein kann. Einer der absoluten Hot Spots in Kitzbühel oder besser gesagt: oberhalb von Kitzbühel, sind die »Sonnbergstuben« unserer Freundin Rosi Schipflinger. Robert und ich haben dort schon so manche lustige Feier erlebt, bei der die gute Rosi grundsätzlich immer irgendwann im Laufe des Abends zur Gitarre greift und singt. Und wer könnte diese Liebe zur

Musik besser nachvollziehen als ich, die sich ebenfalls den Traum erfüllen durfte, zumindest Teilzeit-
Schlagersängerin zu werden.

An einen dieser denkwürdigen Abende in den
»Sonnbergstuben« erinnere ich mich besonders gut:
Wir waren auf Rosis bekanntem »Almrauschfest«
eingeladen. Alles war wunderbar gemütlich, bis mein
lieber Robert aufgefordert wurde, sich als Flaschen-
öffner der ganz besonderen Art zu betätigen – und
mit einem Säbel eine Sechs-Liter-Pulle Schampus zu
köpfen. Das sieht eigentlich ganz einfach aus, ist es
aber leider nicht; auch, wenn er das zuvor schon öfter
erfolgreich probiert hatte. Diesmal aber kam es, wie
es kommen musste: Zunächst schrammte er mit seinem Dolch zwei, drei Mal haarscharf am Korken der
siebenhundert Euro teuren Mega-Bottel vorbei und
probierte es dann – ungeduldig, wie er nun mal ist –
schließlich mit roher Gewalt. Die Folge davon war,
dass sich ein paar Liter Edelbrause auf Roberts Trach-
tenjanker ergossen – und der Rest auf mein schönes
Kleid. Die Scherben der Flasche hatten ihm darüber
hinaus auch noch die halbe Hand blutig geschnitten,
wodurch ich nicht mal sauer auf ihn sein konnte.
Überflüssig zu erwähnen, dass die Flasche seiner
Ansicht nach einen Fabrikationsfehler hatte, aber sei's
drum: So ein Missgeschick kann immerhin dazu führen, dass man auch Jahre später noch über einen
eigentlich im wahrsten Sinne des Wortes verkorksten
Anlass lachen kann – und das mache ich.

Wenn Ihr mal zum Skifahren oder Bergsteigen nach Kitzbühel kommt, dann lasst Euch bloß nicht zu so einem Blödsinn überreden! Trinkt lieber ein schönes Weizenbier oder einen Jagatee und genießt die frische Luft und den tollen Ausblick. Erholsame Ferien gibt's dort auf alle Fälle für jeden Geldbeutel – von der urigen Pension bis zum Fünf-Sterne-Luxushotel ist alles geboten. Und sollten wir zur selben Zeit dort sein, stehen die Chancen, dass wir uns irgendwo im Ort über den Weg laufen, ziemlich gut.

Dubai

Dubai zählt zweifellos zu den beeindruckendsten Städten und Stätten, die ich jemals gesehen habe. Das liegt weniger an der Schönheit dieser arabischen Metropole, denn »schön« im klassischen Sinn ist es dort sicher nicht. Sondern eher daran, dass es mich total fasziniert, was die Menschen dort innerhalb weniger Jahrzehnte aus ein paar hundert Quadratkilometern Sand alles gemacht haben!

Man muss sich das einfach mal vorstellen: Bis vor sechzig, siebzig Jahren gab es außer einem kleinen Hafen und Beduinenzelten höchstens noch eine Handvoll Hütten, in denen die Perlenfischer wohnten, die am Persischen Golf ihren Lebensunterhalt verdienten. Viel mehr jedoch war da nicht, was angesichts der landschaftlichen und klimatischen Voraussetzungen dieser Gegend auch nicht weiter verwunderlich war.

Natürlich hat das Öl später großen Reichtum in die Region gebracht, aber den Scheichs in Dubai muss man lassen, dass sie sehr vorausschauend waren. Zum Beispiel haben sie, neben knapp zweihundert ohnehin schon beeindruckenden Wolkenkratzern, auch noch mal eben das höchste Gebäude der Welt in ihre Hauptstadt gesetzt. Klar, dass wir bei unserem letzten Besuch in Dubai auch den »Burj Khalifa« besichtigt haben.

Das Ding ist über achthundert Meter hoch und hat eine sagenhafte Architektur. Schon beim Betreten der Lobby waren wir fasziniert davon, dass Ingenieure so etwas Gigantisches konstruieren können. Allerdings hat's Robert bekanntlich nicht so mit der Höhe. Im turboschnellen Aufzug auf die Aussichtsterrasse bekam er die Flatter, doch der Liftboy konnte ihn erstmal beruhigen. Oben, im hundertvierundzwanzigsten Stock angekommen, war mein Haus-Macho dann allerdings wieder ganz kleinlaut. Er drückte sich an der Innenseite der Plattform herum und hatte ständig Bedenken, ein Erdbeben könnte den Turm zum Einsturz bringen. Ich versuchte, mich nicht allzu sehr über ihn lustig zu machen, merkte mir aber eines: Wenn er mich künftig mal wieder ärgern sollte, würde ich ihn einfach auf das nächste Hochhaus schleppen, dann wäre erstmal Ruhe!

Allerdings verschlug es auch mir den Atem, als ich Dubai aus dieser enormen Höhe betrachtete, denn erst jetzt wurde so richtig deutlich, was für eine beeindruckende Stadt da mitten in der Wüste entstanden ist, die ringsherum natürlich immer noch in all ihrer Trockenheit und Ödnis existiert. Ein Fremdenführer hatte uns zuvor erklärt, dass inzwischen nur noch fünf Prozent der Wirtschaftsleistung des Landes vom Erdöl abhängig ist. Insofern haben die cleveren Machthaber die Kohle, die sie mit uns allen an den Tankstellen dieser Welt verdient haben, echt gut angelegt – in gigantische Freizeitparks, riesige Shopping-Malls und traumhafte Hotels zum Beispiel. Wenn irgendwann in nicht allzu ferner Zukunft die allerletzte Quelle versiegt ist, können sich zumindest die Leute hier mehr oder weniger entspannt zurücklehnen. Dann sorgen Touristen wie wir für ihren Wohlstand.

Diese Geschäftstüchtigkeit gefiel vor allem Robert. Und auch wenn ich als Frau nicht alles an der arabischen Kultur unbedingt nachahmenswert finde, nötigte mir die grundsätzliche Einstellung der Menschen in den Vereinigten Emiraten großen Respekt ab. Mit den vielen Milliarden an Petro-Dollars hätten sich die Scheichs ja auch ganz einfach woanders niederlassen können – wo es im Sommer keine fünfundvierzig Grad im Schatten hat und nicht jeder Tropfen Wasser erst aus dem Meer entsalzt werden muss. Aber sie bekannten sich trotz der unvorteilhaften Rahmenbedingungen lieber zu ihren Wurzeln, und das ist durchaus eine respekteinflößende Entscheidung, aus der man etwas lernen kann, finde ich.

***

»Reisen bildet«, lautet ein kluger Spruch, und genauso empfinde ich das auch. Je mehr man von der Welt und ihren unterschiedlichen Kulturen mitbekommt, desto mehr erweitert sich der eigene Horizont. Das versuche ich auch immer wieder unseren Kindern näherzubringen, wenn wir gemeinsam unterwegs sind. Ich fände es schlimm, einfach vom Flughafen ins Hotel zu fahren und dort womöglich zwei Wochen lang am Pool zu liegen. Stattdessen bemühe ich mich immer, mich auf das Fremde einzulassen. Das ist auch keine Frage des Geldes: Gastfreundschaft bekommt man in aller Regel sogar umsonst, wenn man selbst möglichst offen auf die Menschen zugeht. Von allem, was man auf diese Weise erlebt, kann man sich ein Stück mit nach Hause nehmen – und wird so immer ein bisschen schlauer, auch wenn das etwas altklug klingen mag. Das, muss ich sagen, klappt in Monaco wirklich gut, so klein dieser Flecken auch ist: Da dort nur ein paar Tausend »echte« Monegassen leben, die sonstigen Bewohner aber aus aller Herren Länder stammen, sieht man sich ständig verschiedenen Mentalitäten gegenüber, auf die man sich einstellen muss, wenn man dort irgendwie zurecht kommen will. Und wer will schon sein ganzes Leben isoliert sein?

11. »Wenn Du schnell reich werden willst, darfst Du nicht zu lange in der Schule hocken« – *Robert*

Meine Eltern haben verhältnismäßig jung geheiratet: Mein Vater war einundzwanzig, meine Mutter gerade mal neunzehn, als ich das Licht der Welt erblickte. Und nur ein knappes halbes Jahr nach meiner Geburt war meine Mutter schon wieder schwanger – und bekam Zwillinge: meinen Bruder Michael und meine Schwester Martina.

Klar, dass unsere Familie trotz der Firma, die mein Vater und mein Onkel wiederum von ihrem Vater übernommen hatten, anfangs keine großen Sprünge machen konnte. Als wir Kinder klein waren, lebten wir zu fünft in einer Drei-Zimmer-Wohnung am Kölner Stadtgarten. Irgendwann sah sich unser Vater jedoch aufgrund der räumlichen Enge gezwungen, ein Einfamilienhaus zu kaufen. Daher erwarb er Ende der sechziger Jahre dank des immer besser laufenden Betriebs, eines großzügigen Darlehens von Opa und eines Bankdarlehens eine freistehende Bude in Köln-Brück für glatte hundertfünfzigtausend Mark.

Das neue Leben in Brück gefiel mir. Dieses Veedel hatte einen leicht dörflichen Charakter. Wir besaßen nun einen kleinen Garten, in dem ich prima Fußball spielen konnte. Die Nachbarn waren nett. Man kannte sich und besuchte sich ab und an mal gegenseitig. Ich schloss schnell Freundschaft mit ein paar anderen Kindern aus unserer Straße.

Zuhause entwickelte ich mich wegen der häufigen Abwesenheit meines Vaters langsam zum Chef im Haus. Auch die bevorstehende Einschulung machte mir keine Angst. Im Gegenteil: Alle meine Kumpels, die ich aus der Straße kannte, gingen in dieselbe Klasse. Und so, man mag es kaum glauben, war meine erste Erfahrung mit der Institution Schule sehr angenehm. Das Lernen fiel mir ziemlich leicht, obwohl ich von Natur aus ein bisschen faul war.

Das änderte sich jedoch leider schlagartig, als wir einen anderen Klassenlehrer bekamen. Während in den ersten zwei Jahren auf der Volksschule noch alles in Butter war, sorgte dieser neue Pauker dafür, dass ich die Penne immer bescheuerter fand. An manchen unseligen Tagen stand ich mehr in der Ecke, als ich an meinem Platz saß! Das entfaltete seine beabsichtigte erzieherische Wirkung aber nicht. Es ließ mich stattdessen immer vorlauter werden. Irgendwann legte sich bei mir im Oberstübchen ein Schalter um, der von Normalbetrieb auf Stand-by-Modus wechselte. Soll heißen: Ich machte fortan nicht mehr als nötig. Und manchmal nicht mal das.

Immerhin wurde ich von meinen Eltern ziemlich verwöhnt. Doch mit der Idylle war es vorbei, als unser

Vater einen erneuten Umzug der Familie Geiss plante. Unser Häuschen war zwar für uns drei Kinder und meine Mutter ein echtes Zuhause geworden. Aber weil Brück dummerweise in der östlichsten Ecke Kölns liegt, musste mein Vater zur Arbeit quer durch die ganze Stadt zu seinem Betrieb fahren, der sich in Marsdorf befand. Das ging ihm natürlich nach ein paar Jahren tierisch auf die Nerven! Also zogen wir in ein größeres Haus nach Weiden. Dort war es zwar nicht mehr ganz so schön wie im idyllischen Brück. Dafür konnte man aber quer über das Autobahnkreuz Köln-West praktisch nach Marsdorf rüberspucken.

Natürlich war der Umzug auch mit einem Schulwechsel verbunden. Meinen Geschwistern fiel die Umgewöhnung verhältnismäßig leicht. Sie waren ja gerade erst eingeschult worden und hatten noch keine großen Bindungen aufgebaut. Ich aber war traurig, denn ich musste alle meine Freunde zurücklassen! Das hieß für mich, dass ich in dieser Hinsicht praktisch noch mal von Null anfangen musste. Außerdem hatten mich meine zunächst im häuslichen Garten erworbenen fußballerischen Fähigkeiten im Laufe der Zeit zum Stammspieler in der C-Jugend des SC Brück 07 gebracht. Ich pendelte immer zwischen Mittelfeld und Sturm. Aber auch der SC Brück war für mich natürlich auf einmal verdammt weit weg.

Die Schule in Weiden war nicht so klein wie meine bisherige. Es handelte sich vielmehr um eine Gesamtschule riesigen Ausmaßes, mit eigenen Sportplätzen.

Wie gesagt: Ich tat mich anfangs verdammt schwer mit dem Wechsel. Ich hatte keine Freunde mehr vor Ort und keinen Fußballverein. Allerdings hatte mein Vater eine rettende Idee. Und zusätzlich recht gute Beziehungen, die nicht nur, aber gerade in Köln alles sind.

»Was hältst Du davon, beim FC anzufangen?«, fragte er mich eines Tages, als wir unsere Sachen in Umzugskartons verstauten.

Ich schluckte.

»Beim FC?«

»Sicher dat. Bei uns arbeitet einer, der kennt beim FC eine Menge Leute. Du bist ja nicht ganz so'n Stümper am Platz. Der kriegt Dich da schon rein. Außerdem hab ich noch was gut bei ihm.«

Mein Vater hatte meistens noch was gut bei seinen Leuten. Er war zwar ein strenger Chef, der seinen Mitarbeitern klare Ansagen machte. Andererseits hatte er das Herz am rechten Fleck. Wenn jemand einen Vorschuss für ein Geschenk zum Hochzeitstag brauchte oder einen zusätzlichen freien Tag für die kranke Oma, dann bekam er das auch.

Durch die Aussicht, als Elfjähriger beim 1. FC Köln spielen zu dürfen, war alles andere erst mal zweitrangig. Der FC war damals in der Bundesliga natürlich nicht so eine Fahrstuhlmannschaft wie heute. Köln war eine ganz große Nummer und hinter Bayern und Gladbach die dritte Kraft im deutschen Fußball. Unsere Idole hießen Jupp Kapellmann, Hennes Löhr,

Heinz Flohe und natürlich Wolfgang Overath. Alle Jungs, die selber spielten, wollten so sein wie er: der Zehner, der klassische Spielmacher, der Chef am Platz. Der Overath konnte alle anderen mitreißen. Das imponierte mir.

Mein Vater begriff, dass ich mich schwertat mit den ganzen Neuerungen, die da auf mich zukamen. Und weil der Sportpark Müngersdorf nicht ganz so weit von Weiden entfernt lag wie Brück und Papa wusste, dass er seinen Junior so mit ziemlicher Sicherheit von den Vorzügen der neuen Gegend überzeugen konnte, redete er wie versprochen mit seinem Angestellten.

Der Mann hatte tatsächlich eine Menge Leute aus den FC-Jugendabteilungen in seinem Freundeskreis. Er belaberte den zuständigen Nachwuchstrainer solange, bis der Typ mich einige Tage später tatsächlich vorspielen ließ und mir nach ein paar Übungen mitteilte, dass er mich nehmen würde! Noch am gleichen Tag bekam ich meine Ausrüstung: einen weißen Trainingsanzug, ein rotes und ein weißes Trikot samt entsprechender Hosen und Stutzen. Und das Wichtigste: Auf Jacke und Trikot war das Geißbock-Logo aufgenäht! Das war nun meine Polizeimarke, die mir in dem neuen Umfeld den nötigen Respekt verschaffen sollte, obwohl ich nur auf die Hauptschule ging.

Ich hatte nämlich für mich nach den Erfahrungen mit meinem Lieblingspauker beschlossen, in meinem Lebenslauf das Kapitel Schule nicht unnötig in die Länge zu ziehen. Mein Vater nahm diese Entscheidung eher gleichmütig hin. Er hatte ja selbst auch keine akademischen Weihen erreicht und ging ohnehin davon aus, dass ich – genau wie er – einmal die Firma weiterführen würde. Dafür brauchte ich nach meinem und seinem Dafürhalten sicher kein Examen.

Der Vorteil des Schulzentrums war außerdem, dass man als Hauptschüler zumindest auf dem Gelände nicht weiter auffiel. Beide Schularten waren im selben Gebäude untergebracht. Und auf dem Schulhof vermischten sich die Gymnasiasten und wir sowieso miteinander. Vor allem, wenn es um Fußball ging.

Natürlich zog ich meine FC-Trainingsjacke auch im Alltag an. Schon auf dem Weg ins Klassenzimmer wurde mein offizielles Geißbock-Outfit selbst von Älteren wohlwollend kommentiert. In jeder Pause kickten wir gemeinsam im Hof. Nach einigen Wochen wurde bei einem dieser Spielchen der Direktor auf mich aufmerksam. Der war ein echter Fußballverrückter, der eine Dauerkarte in Müngersdorf hatte. Er sprach mich an. Ich zuckte zusammen – ich hatte doch gar nix angestellt.

»Du bist doch der Geiss«, sagte er. Ich nickte. »Du spielst beim FC? Komm mal mit!«

Ohne auf eine Antwort von mir zu warten, brachte er mich zu meinem Mathelehrer. Der war – was ich bis dahin gar nicht wusste – auch der Sportbeauftragte unseres Schulzentrums.

»Ich hab' den Geiss jetzt ein paar Tage angeschaut. Der kann wirklich was mit dem Ball. Ich glaube, so einen könnten wir ganz gut brauchen, auch wegen nächster Woche. Was meinst Du?«, fragte der Direktor seinen Kollegen.

Ich begriff überhaupt nicht, worum es ging.

»Der Chef meint, dass Du ein ganz guter Fußballer bist, Stürmer beim FC und so. Kannste denn auch Handball?«, fragte mich mein Mathelehrer.

»Klar«, antwortete ich, obwohl ich bis dahin noch nie Handball gespielt hatte. Ich verstand immer noch nicht.

»Dann biste nächste Woche dabei«, sagte er. »Wir spielen gegen Rodenkirchen.« Die Schule dort war unser großer Rivale. Offenbar war das Spiel eine wichtige Prestigeangelegenheit. Den Rest der Woche traf ich mich jedes Mal nach Schulschluss mit meinem Mathelehrer in unserer Turnhalle. Er erklärte mir die Regeln und das, worauf es vor allem beim Handball ankommt: sich nicht von den Gegnern aufhalten zu lassen, sondern sich durchzusetzen und, wann immer es möglich war, den Abschluss zu suchen! Das klang machbar, denn ich war ziemlich kräftig gebaut. Nachdem ich die wichtigsten Techniken gelernt hatte, übte ich so hart zu werfen, dass mir nachts noch der Arm wehtat.

Auch wenn das jetzt ein bisschen dick aufgetragen klingt – es stimmt wirklich: In der nächsten Woche erzielte ich im Duell gegen die Gesamtschule des

Nachbarortes zweiundzwanzig unserer insgesamt vierundzwanzig Tore! Das lag zugegebenermaßen auch ein wenig an der körperlichen Unterlegenheit der Rodenkirchener, deren gesamte Abwehrreihe einen Kopf kleiner war als ich. Der Held des Tages war ich trotzdem!

Der eigentliche Clou an der Sache aber war, dass ich meinen Lehrer mit dieser Leistung voll in der Tasche hatte! Ich konnte ihm drohen, dass mich mein Vater nicht mehr zum Handball lassen würde, wenn ich noch mehr lernen müsste. Durch diesen Sport-Bonus habe ich bis zu meinem Abschluss eisern eine Vier minus in Mathe gehalten, die in Wirklichkeit sicher des Öfteren jenseits der Fünf war.

Auch beim FC ging's aufwärts. Das Training war zwar ganz schön stressig, aber bald durfte ich sogar von Zeit zu Zeit als Balljunge ins Stadion. Wir prügelten uns dann immer fast darum, wer hinter dem Tor an der Bande stehen und zumindest eine Halbzeit lang dem Tünnes die Bälle zum Abschlag zuwerfen durfte. Ich hab mich meistens durchgesetzt und zwei, drei Mal dem Toni Schumacher die Hand geschüttelt, wenn Köln gewonnen hatte. Geiler kannst Du Dich in dem Alter eigentlich nicht fühlen, zumindest in diesem Moment.

Doch wie das so ist mit der Pubertät, verlagerten sich meine Interessen irgendwann und ziemlich schnell anderweitig! Mit dem Fahrrad war ich eine geschlagene dreiviertel Stunde von zu Hause aus bis zum Geißbockheim unterwegs. Mit dem Bus dauerte es sogar noch ein bisschen länger. Darüber hinaus wollte ich meine ganze Kohle nicht unbedingt den Kölner Verkehrsbetrieben in den Rachen schmeißen. Ich sparte damals auf ein Mofa, wollte mal ins Kino oder ab und an vielleicht eine Schallplatte kaufen.

»Ich war schon fertig mit meiner ganzen Ausbildung inklusive des Geldverdienens, wo andere mit dem Studium fertig sind, nämlich mit 29.«

Ein wirklicher Spaß war das Training beim FC sowieso nicht. Die Übungsleiter dort waren ziemlich harte Hunde. Schließlich ging es ja darum, talentierte Nachwuchsspieler herauszufiltern, die später einmal in die Fußstapfen von Cullmann und Co. treten konnten. Wir mussten vier Mal die Woche antreten. Da hieß es dann bei Waldläufen Kondition zu bolzen, wieder neue Spielzüge einzustudieren und so albernes Zeug zu veranstalten wie etwa mit einer Stange auf den Schultern um Baustellenhütchen zu laufen. Währenddessen stand irgendein Aushilfs-Oberst an der Linie und blies im Sekundenrhythmus in seine Trillerpfeife.

Ganz plötzlich ging mir diese Form des Leistungssports tierisch auf die Nüsse. Ich hatte null Zeit für etwas anderes! Und so gut, dass ich irgendwann mal zum neuen Stern am Bundesligahimmel hätte aufsteigen können, war ich dann leider doch nicht. Also habe ich nach einem Training, an dem ich zwei, drei Mal auf dem Hartplatz auf die Fresse geflogen war, beim FC hingeschmissen.

Mein Vater war deshalb ganz schön sauer: Ich stand kurz vor dem Sprung in die B-Jugend, und ganz so einfach war es ja auch nicht gewesen, dass ich überhaupt genommen wurde. Aber das half jetzt nichts. Ich hatte meine Entscheidung getroffen.

Zum Glück hatte ich mir meine Anerkennung im Weidener Schulzentrum inzwischen nachhaltig erarbeitet, so dass mein Status nicht mehr vom Geißbock auf der Jacke abhängig war. Vollkommen ohne Sport wollte ich natürlich auch nicht auskommen. Denn das Ganze hatte ja auch seine guten Seiten: Ich hatte dadurch ein paar ganz nette Kumpels kennengelernt. Ich konnte mich durchsetzen. Und ich musste nicht zu Hause vor der Glotze abhängen oder, noch schlimmer: den kleinen Geschwistern bei den Hausaufgaben helfen. Also schloss ich mich kurze Zeit nach meinem Abschied vom Geißbockheim dem SV Weiden an.

Dort wurde ich mit Kusshand empfangen. Jeder beim SV wusste, dass ich vom FC kam. Dazu sorgte ich dafür, dass meine Begegnungen mit den großen Stars, die ich als Balljunge hatte, schnell die Runde machten. Ich war sofort der Leader im Team. Wir hatten nur ein einziges Mal Training pro Woche, und am Wochenende dann das Spiel.

Endlich war viel mehr Zeit für andere Aktivitäten, die in mein Leben drängten. Disco zum Beispiel war schwer angesagt am Freitag- oder Samstagabend. Unser bevorzugter Laden war das »Treppchen« in Bergheim, das seinen Namen deshalb hatte, weil eine lange, geschwungene Treppe vom Eingang hinunter in den eigentlichen Gastraum führte.

Jeder weiß, wie hammergeil sich das auf einmal anfühlt, wenn man sich das erste Mal erwachsen und frei fühlt. Aus den Boxen im »Treppchen« dröhnte alles, was damals schwer angesagt war: die Village People zum Beispiel, Boney M oder Dschingis Khan. Und in meiner Rübe dröhnte am nächsten Tag schon mal das ein oder andere Glas Asbach-Cola. Aus diesem Grund versäumte ich schnell mal ein Training. Manchmal versäumte ich sogar ein offizielles Spiel, weil die Partien in unserer Liga meistens am frühen Sonntagvormittag stattfanden.

Ich bekam natürlich jedes Mal einen ziemlichen Anschiss vom Trainer. Aber das war mir egal! Zu verlockend waren die Nächte im Treppchen. Und zu bescheuert fand ich es, mich auch noch am Wochenende in aller Herrgottsfrüh aus dem Bett zu quälen, wo ich doch schon von Montag bis Freitag um halb sieben aufstehen musste.

Es war nun nicht mehr zu verleugnen: Meine glanzvolle Fußballerkarriere neigte sich dem Ende zu. Und den Hauptschulabschluss hatte ich seit kurzem auch in der Tasche. Mein Mathelehrer hatte Wort gehalten und mich nicht durchfallen lassen. Ansonsten war ich nirgendwo richtig herausragend, aber eben auch nicht besonders schlecht. Darum habe auch ich eines Tages ein schönes Zeugnis ausgehändigt bekommen mit dem Vermerk drauf, dass ich das Schulziel erreicht und somit die Berufsreife erworben hatte.

Leichtsinnigerweise hatte ich meinem Vater versprochen, dass ich nun noch ein Jährchen auf die Handelsschule gehen würde, um meine Mittlere Reife zu machen. Ich verstand zwar nicht, was das für meinen weiteren Lebensweg als künftiger Geschäftsführer bringen sollte, aber ich hatte keinen Bock, mich zu streiten, und gab ihm mein Wort. Das Dumme war nur, dass mir das nun, nachdem ich endlich etwas in der Hand hielt, was mich Schwarz auf Weiß fürs Geldverdienen qualifizierte, so gar nicht in den Kram passte.

Sollte ich wirklich noch einmal zwölf Monate runterreißen, wo ich doch schon neun Jahre in der Penne zugebracht habe, in denen ich mich mit Prüfungen und Hausaufgaben herumplagen musste, anstatt etwas Sinnvolles zu tun? Zu allem Überfluss befand sich die Handelsschule in Frechen, was wieder einen erheblichen Fahraufwand mit sich bringen würde, um überhaupt hinzukommen. Ich konnte dort ja schlecht mit meiner auf achtzig Stundenkilometer hochfrisierten Kreidler-Flori samt Vierundzwanziger-Vergaser vorfahren. Das würde tagsüber sicher nicht lange gut gehen – zumal ich noch gar keinen Führerschein hatte. Das Ding konnte man nur abends benutzen, wenn die örtlichen Verkehrspolizisten schon Feierabend hatten.

Ich hatte einfach keinen Bock auf Chemie, Physik oder Sozialkunde. Wenn ich der Kölsche Albert Einstein hätte werden wollen, dann wäre ich es ja von vornherein anders angegangen. Also tat ich um des lieben Friedens willen so, als ob ich mich dem Willen meines Vaters beugen würde. Tatsächlich aber saß ich morgens so gut wie nie im Klassenzimmer. Ich ging lieber ins Café. Dort wartete ich, bis zu Hause die Luft rein war – und legte mich wieder in die Koje.

An einem ungemütlichen Januarmorgen saßen meine Eltern und ich gerade beim Frühstück, als das Telefon klingelte. Mein Vater legte den »Stadtanzeiger« zur Seite und ging ran – nicht ohne zu schimpfen, dass ihn jemand zu dieser frühen Stunde privat störte.

»Herr Geiss?«, fragte eine Frauenstimme, die so schrill war, dass meine Mutter und ich sie bis an den Tisch verstehen konnten.

»Einen kleinen Augenblick, ich verbinde Sie mit dem Direktor.«

Ich ahnte, was der wollte. Aber es war kaum zu glauben: Ich war ja gerade mal ein paar Wochen auf der bescheuerten Handelsschule – beziehungsweise ich war es eben nicht. Und schon ruft der Direx persönlich bei uns daheim an!

»Ich sage es Ihnen lieber gleich«, bellte der Direktor in den Hörer, während mein Vater seltsam ruhig blieb.

»Das mit ihrem Herrn Sohn, das wird hier nichts mehr! Der kann ab sofort ganz zu Hause bleiben. Schicken Sie den Jungen in eine Lehre oder sonst wo in die Arbeit, aber eine mittlere Reife kriegt Ihr lieber Robert nicht. Jedenfalls nicht bei uns. Und wahrscheinlich auch nicht anderswo.«

Mein Vater verabschiedete sich höflich und setzte sich wieder zu uns an den Tisch. Er schaute mich eindringlich an, wirkte aber eher erleichtert als angefressen.

»Das war der Direktor der Handelsschule«, sagte er.

»Hab's gehört«, antwortete ich.

»Du brauchst nicht mehr hinzugehen«, sagte mein Vater. »Dann fängst Du eben bei uns an. Aber nicht dass Du denkst, dass Du Dir jetzt erstmal einen Flotten machen kannst. Wenn, dann gleich!«

Ich musste schluckten, war aber insgeheim froh. Denn damit war meine Schulzeit nicht nur ganz offiziell, sondern auch von meinem alten Herrn legitimiert ein für alle Mal beendet. Dafür fing ein neues Kapitel in meinem Leben an, aber das kennt Ihr ja jetzt schon!

***

Seit 2011 auf Sendung ...

... und kein Ende in Sicht!

Erste Dreharbeiten in Saint Tropez …

… und von unserem ganzen Alltagswahnsinn.

Von nun an war die Kamera immer dabei.

Was niemand weiß: dass ich es fast schon einmal ins Fernsehen geschafft hätte. Als Assistentin von Rudi Carrell in der »Urlaubsshow«.

Davinas Geburtstagsfeier in der Villa Geissini.

Fast immer dabei: die besten Großeltern der Welt!

In der Mega-Metropole Hongkong ... Shania tritt in die Pedale.

... und davor!

Im Kitzbühler Schnee ...

... ein Ort, an dem es auch im Sommer wunderschön ist und der mich zu meiner Dirndl-Kollektion inspirierte.

Hoch, höher, am höchsten: Vor dem Burj Khalifa in Dubai.

Überraschung gelungen! Robert schenkt mir ein verlängertes Wochenende in Venedig ...

Der Spruch, der über diesem Kapitel steht, ist mir schon ein paar Mal um die Ohren geflogen. In meinem Fall hat er aber einfach gestimmt: Ich konnte relativ jung damit anfangen, Geld zu verdienen. Und weil mich das auf den Geschmack gebracht hat, habe ich anschließend alles daran gesetzt, es geschäftlich so schnell wie möglich zu etwas zu bringen. Jeder Tag mehr in einem Klassenzimmer wäre in diesem Zusammenhang ein verlorener Tag gewesen. Das soll aber natürlich nicht heißen, dass ein ordentlicher Abschluss nicht sinnvoll ist – ich habe ja auch einen gemacht. Ich will damit nur sagen, dass sich niemand entmutigen lassen sollte, wenn es in der Schule mal nicht so gut läuft. Mein Beispiel zeigt, dass man es auch ohne Abitur zum Millionär bringen kann. Das ist doch auch ein gewisser Trost, oder?

12. »Behandle andere immer, wie Du selbst behandelt werden willst« – *Carmen*

Gerade in den Kreisen der sogenannten Schönen und Reichen kann man sehen, dass man sich Benehmen und Anstand nicht unbedingt kaufen kann. Das ist hier in Monaco übrigens auch nicht anders als anderswo. Idioten gibt es überall, an der Côte d'Azur genauso wie in Köln-Rodenkirchen. Ich glaube aber, dass Geld an sich nicht unbedingt den Charakter verdirbt. Wenn jemand meint, dass er sich aufführen kann wie der Kaiser von China, nur weil er plötzlich ein paar dicke Scheinchen in der Brieftasche hat, dann war der Charakter wahrscheinlich schon vorher verdorben. Die viele Kohle hat das nur verstärkt. Und auch Leute ohne dickes Festgeldkonto können natürlich sehr unangenehm oder unsympathisch sein, das ist alles eine Frage der Einstellung oder aber, wie ich in Bezug auf unsere Kinder ja schon betont habe, der Erziehung.

In dieser Hinsicht haben meine Eltern jedenfalls ganze Arbeit geleistet. Ich bin eine absolute Gerechtigkeitsfanatikerin und werde darüber hinaus wahnsinnig traurig, wenn ich mitbekomme, dass es anderen schlecht geht und sie so rein gar nichts dafür können. Robert macht sich gelegentlich über dieses in seinen Augen eher lächerliche Verhalten lustig, und er hat natürlich irgendwo auch recht damit, wenn er sagt, dass ich kleines Fräulein die geballten Schlechtigkeiten dieser Welt nicht verändern kann. Trotzdem bin ich der Meinung, dass man sich ab und zu für etwas mit ganzem Herzen einsetzen muss; ein Verhaltenszug, der sich womöglich durch meine vielen Fehlgeburten noch verstärkt hat. Besonders anfällig bin ich, das muss ich zugeben, diesbezüglich bei Tieren!

Angefangen hat alles noch zu Zeiten, in denen Robert tagsüber ganz normal bei seinem Vater ackerte und abends versuchte, langsam, aber sicher, das Geschäft mit den Klamotten voranzutreiben. Wir waren gerade in unsere erste gemeinsame Wohnung gezogen, und aufgrund von Roberts krassem Arbeitspensum war ich logischerweise oft alleine.

An einem Samstagnachmittag ein paar Wochen nach unserem Umzug bummelten Robert und ich durch die Kölner Innenstadt. Wir stöberten uns durch die Kaufhäuser und Boutiquen auf der Suche nach ein paar schicken Accessoires, mit denen wir unser kleines Reich noch ein kleines bisschen aufpeppen konnten. Irgendwie, ich weiß gar nicht mehr genau warum, landeten wir in der Zooabteilung des Kaufhofs in der Schildergasse. Wir hatten ja nicht wirklich vor, uns einen Hamster, ein Meerschweinchen oder eine Schildkröte anzuschaffen, also wollten wir gerade wieder gehen, als ich eine große Box aus Plexiglas entdeckte, in der ein ganzes Bündel neu geborener Hunde saß.

»Guck mal«, sagte ich zu Robert. »Die sind ja noch ganz klein. Wahnsinn, sind die süß!«

»Was willst Du denn mit einem Hund?«, fragte er und spulte wie ein genervter Vater seiner kleinen Tochter gegenüber die üblichen Argumente herunter, wie viel Dreck und Arbeit ein Haustier machen würde und dass er da überhaupt keinen Bock darauf hätte.

Aber ich hörte ihn schon gar nicht mehr. Ich hatte mitten in dem Knäuel einen ganz bestimmten Welpen entdeckt, bei dessen Anblick mein Herz hüpfte. Noch heute schießen mir bei dem Gedanken daran die Tränen in die Augen.. Es war ein winziger Yorkshire Terrier, vielleicht acht bis zehn Wochen alt, der sein strubbeliges Köpfchen ganz schräg hielt und mich mit dunklen Knopfaugen ansah. Ein Ohr war ein bisschen eingeknickt, das andere stand gerade in die Höhe, und es schien, als wollte mir dieses kleine Wesen eine eindeutige Botschaft übermitteln, die lautete: Hol mich hier raus und nimm mich mit!

»Den will ich haben«, sagte ich.

»Du spinnst doch«, sagte Robert.

Meine Entscheidung war jedoch längst gefallen. Um keinen Pelzmantel der Welt würde ich mich von dem Gedanken, diesen Hund mit nach Hause zu nehmen, wieder verabschieden. Ich wusste sogar schon, wie wir ihn nennen würden: Floh. Beziehungsweise Flöhchen, weil er doch noch so klein war. Robert spürte offensichtlich, dass jeglicher Widerstand zwecklos war, denn er rollte mit den Augen und rief den Verkäufer.

»Was kostet der denn da?«, fragte er und zeigte auf meinen Auserwählten.

»Die Yorkshires kosten alle jeweils tausend Mark«, antwortete der Verkäufer, und Robert sah ungläubig zu mir herüber.

»Wir nehmen ihn«, sagte ich, bevor er etwas anderes sagen konnte. Der Verkäufer hob Flöhchen sachte aus der Box, drehte ihn um und sagte: »Es ist ein Mädchen.«

Sie heißt trotzdem so, dachte ich nur – und war selig.

Allerdings waren tausend Mark zugegebenermaßen schon ein echt happiger Preis. So viel wollten wir an diesem Nachmittag eigentlich gar nicht für unsere Wohnung ausgeben, und demzufolge hatten wir auch nicht so viel Bargeld dabei. Aber wofür gab es schließlich den Euroscheck? Während Robert also mit seinem Scheckbuch zur Kasse abrückte, knuddelte ich mein kleines Flöhchen schon voller Vorfreude, was ihr sichtlich gefiel. Wir beide würden ganz dicke Freunde werden, das fühlte ich einfach. Zwei Minuten später kam Robert zurück, und ich konnte nicht recht deuten, ob er ernst dreinblickte oder eher ein leichtes Grinsen im Gesicht hatte.

»Die nehmen keine Schecks«, sagte er. »Zumindest nicht in der Höhe! Und die Bank hat schon zu! Da geht heute nix mehr. Da haste Pech gehabt.«

Dazu muss man wissen, dass Geldautomaten damals, in den achtziger Jahren, noch nicht annähernd so weit verbreitet waren wie heute. Und außerdem konnte man an einem Tag immer nur höchstens vierhundert Mark abheben, danach war Sense. Das reichte zusammen mit unserem Cash immer noch nicht für meine künftige Gefährtin!

»Wir können Flöhchen unmöglich das Wochenende über hier lassen«, sagte ich zu Robert. Mir war schon ganz mulmig alleine bei dem Gedanken. Womöglich würde sie uns sogar noch jemand kurz vor Geschäftsschluss wegschnappen.

»Einen Namen hat der Hund also auch schon?«, fragte mich Robert und schaute mich ungläubig an. »Stell dich doch nicht so an, der ist am Montag auch noch da!«

»Das kannst Du knicken«, antwortete ich und marschierte entschlossen zur Kasse. Ich redete ein paar Minuten lang auf den Kassierer ein, der mich bloß hilflos anstarrte.

»Ich rufe am besten mal unseren Abteilungsleiter«, sagte der arme Mann irgendwann, und kurz darauf erschien ein anderer Angestellter, der sich der Sache annehmen sollte.

»Bedauere, da können wir nichts machen«, meinte der Kaufhof-Mitarbeiter, nachdem ich ihm den Sachverhalt erklärt hatte. »Vorschrift ist nun mal leider Vorschrift!«

Ich schimpfte und flehte, doch es schien nichts zu helfen. Diese herzlosen Kerle wollten uns tatsächlich nicht unsere Schecks abnehmen. Vielleicht waren wir denen zu jung oder zu unseriös. Auf jeden Fall kapierten sie nicht, dass es hier um Leben oder Tod ging, zumindest beinahe...

»Ich gehe hier nicht eher raus, bevor wir den Hund mitnehmen dürfen«, sagte ich entschlossen zu dem Verkäufer. »Da können Sie Gift drauf nehmen!«

Wir debattierten munter weiter. Inzwischen hatte der andere Mitarbeiter Flöhchen natürlich wieder in die Glasbox gesetzt, und ich bildete mir ein, dass mich die Kleine von dort aus noch eindringlicher anguckte als vorhin. Robert beobachtete die Szene eher amüsiert. Als der Abteilungsleiter irgendwann genug von mir zu haben schien, verfolgte ich ihn bis zu seinem Büro. Da gab er auf.

»Ist gut, ist gut. Wir nehmen die Schecks, ausnahmsweise. Sie können den Hund meinetwegen mitnehmen!«

Ich rannte zu Robert und umarmte ihn. Er schaute auf die Uhr und zeigte sie mir. Der ganze Irrsinn hier hatte beinahe zwei Stunden gedauert. Er schüttelte den Kopf.

»Wir können Flöhchen doch gleich mitnehmen«, jubelte ich.

»Na Gott sei Dank«, stöhnte Robert.

184

Nun lief ich zur Hochform auf. Nachdem sie unsere Zahlungsweise doch noch akzeptierten, konnte ich ja auch gleich in die Vollen gehen. Ich suchte einen schönen Napf, eine Decke und einen Korb für Flöhchen aus. Dazu noch eine Leine und natürlich jede Menge Futter. Schlussendlich gaben wir an diesem Nachmittag über zwölfhundert Mark aus, aber jeder einzelne Pfennig hat sich tausendfach gelohnt. Von nun an waren Flöhchen und ich unzertrennlich. Und ich würde nie wieder ganz alleine sein – selbst, wenn Robert mal wieder für länger unterwegs war.

Freunde kamen und gingen, Höhen und Tiefen wechselten sich ab während der folgenden anstrengenden und verrückten Zeit, die uns von Köln bis nach Südfrankreich führte. Doch Flöhchen blieb bei mir, insgesamt siebzehn lange Jahre, bis ihr kleines Hundeherz eines Morgens aufhörte zu schlagen und wir sie in einer Weinkiste in St. Paul de Vence in Südfrankreich beerdigt haben.

Natürlich war das nur der Anfang meiner Tierliebe gewesen. Von da an hatte ich das Bedürfnis, vor allem jenen Kreaturen zu helfen, die dem Tode geweiht waren. Meine Devise lautete: Vom Züchter kann sich jeder einen Hund holen! Ich aber stiefelte lieber durch die Tierheime und guckte, ob ich dort nicht einen besonders traurigen Kameraden fand, der ein liebevolles neues Zuhause wirklich nötig hatte. Insgesamt habe ich drei große Hunde aus verschiedenen

Heimen zu uns geholt. Und dann gab es ja noch Tyson!

Wo viel Reichtum ist, da fällt naturgemäß die Armut besonders auf, und so erblickte ich eines Tages in Saint Tropez einen hageren Mann, der sich mit seinen zahlreichen Hunden am Yachthafen niedergelassen hatte. Natürlich sah man auf den ersten Blick, dass dieser Mensch nicht hierher gehörte. Ganz offensichtlich handelte es sich um einen Obdachlosen, der hoffte, dass ihm der ein oder andere Bootsbesitzer ein paar Münzen spendierte, damit er sich und vor allem seinen Tieren etwas zu essen kaufen konnte. Obwohl die Hunde allesamt sehr gepflegt aussahen, war klar, dass es für diesen Menschen sehr schwierig sein musste, seine vierbeinigen Begleiter zu ernähren.

Natürlich tat er mir wahnsinnig leid, und das Einzige, was mir in diesem Moment einfiel war, ihm fünfhundert Francs zu geben, damit er im nächsten Supermarkt Hundefutter und für sich eine anständige Mahlzeit kaufen konnte. Der Mann schaute mich verwundert an, weil er mit einer solchen Zuwendung offenbar nicht gerechnet hatte – immerhin waren das umgerechnet rund hundertfünfzig Mark. Aber ich gab ihm zu verstehen, dass das schon in Ordnung sei, und ging wieder.

Am nächsten Tag spazierten wir erneut am Hafen entlang, und als uns der Obdachlose erblickte, kam er gleich auf uns zugerannt und bedankte sich überschwänglich. Mir war das Ganze ein bisschen unangenehm, denn ich hatte ihm ja nicht das Leben gerettet, sondern ihm nur eine kleine Spende gegeben. Bevor ich jedoch irgendwie reagieren konnte, drückte er mir einen Welpen in die Hand, ein kleines, putziges Hundebaby, und bedeutete mir, dass er es mir schenken wollte. Ich wusste nicht, was ich machen sollte, aber der Mann redete weiter auf uns ein, dass dies ein Zeichen seiner Dankbarkeit sei und er darauf bestehe, dass wir das Tier mitnahmen.

Robert war nicht wirklich angetan von dieser Idee, denn wir hatten ja bereits drei Hunde! Doch in der nächsten Sekunde hatten wir vier, denn ich brachte es natürlich nicht übers Herz, Tyson nicht anzunehmen.

»Jetzt sind wir asozial«, sagte Robert. »Mit vier Hunden brauchst Du nirgendwo mehr ankommen!«

Das aber war mir egal. Fortan waren wir eben meistens zu sechst in unserem Jeep unterwegs – vorne Robert und ich und hinten unsere vier tollen Hunde. Wir haben viel Liebe gegeben und viel Liebe bekommen, und gemeinsam haben wir jede Menge Abenteuer durchlebt. Als wir später erst Davina und dann Shania bekamen, ging das mit der Geiss'schen Hunderettung natürlich nicht mehr. Bei zwei kleinen Kindern wäre es mir zu unsicher gewesen, Hunde aufzunehmen, von denen man nicht wusste, wie der Vorbesitzer sie behandelt hatte.

Trotzdem gehören natürlich auch heute Tiere zu unserer Sippe: Wir haben momentan zwei wunderbare Familienhunde, unseren Yorkshire Maddox und Dex, einen französischen Hirtenhund. Dex hält unseren Clan wirklich zusammen, er ist eine Seele von einem Wesen.

»Ich lebe dieses Leben so wie ich es seh.«

Nun sind Hunde das Eine. Wenn es jedoch um Menschen geht, ist es natürlich noch mal ungleich schwerer, zu helfen. Es gibt einfach so viel Not auf dieser Erde, da kann man – wenn überhaupt – nur Kleinigkeiten anstoßen. Gerade weil wir das Glück haben, so viel Luxus erfahren zu dürfen, fällt mir das immer wieder auf.

Als ich beispielsweise neulich mit Robert auf der Dachterrasse im Caesars Palace stand und auf die unwirkliche Glitzerkulisse von Las Vegas hinuntergeschaut habe, wurde ich plötzlich ganz schwermütig, weil uns zuvor jemand erzählt hatte, dass unterhalb der Stadt hunderte Obdachlose in der Kanalisation hausen. Ich finde es unheimlich wichtig, dass man den Blick auf die Realität nicht verliert, nur weil man es aus welchem Grund auch immer geschafft hat, zufällig oben stehen zu dürfen.

Ein echtes Problem in diesem Zusammenhang ist allerdings, dass wir inzwischen wirklich aufpassen müssen, nicht an Neider zu geraten – oder an solche Zeitgenossen, die sich einfach ein bisschen an unseren Erfolg dranhängen wollen. Denn überall dort, wo gutes Geld verdient wird, tummeln sich immer auch zwielichtige Gestalten, die vom großen Kuchen ein Stück abhaben wollen. Zum Glück sind Robert und ich aber mit einer recht guten Menschenkenntnis ausgestattet, die uns bis jetzt immer davor bewahrt hat, Aufschneidern und Blendern auf den Leim zu gehen. Davon gibt es nämlich mehr als man denkt. Inzwischen kann ich Bettelbriefe und unseriöse Angebote recht gut von ernstgemeinten Zuschriften unterscheiden.

Im Stillen dagegen versuche ich immer mal wieder, hier und dort etwas Gutes zu tun. Kleidungsstücke, die ich nicht mehr trage zum Beispiel, lassen sich prima dafür verwenden, anderen eine Freude zu machen. Solche Dinge mache ich aber grundsätzlich abseits der Öffentlichkeit und ganz sicher nicht auf Zuruf, denn so kann keiner das Ganze ausnutzen! Und das soll auch so bleiben!

***

Ganz grundsätzlich bin ich der Meinung, dass man sich einfach immer so verhalten sollte, wie man es sich auch von anderen im Umgang mit einem selbst wünscht. Ein Dankeschön an den aufmerksamen Kellner, ein Lob für den engagierten Gärtner oder einfach ein Lächeln an der Supermarktkasse kostet nichts – und zieht in den allermeisten Fällen eine positive Reaktion nach sich. Das bedeutet natürlich nicht, dass Ihr Euch alles gefallen lassen müsst. Aber wie heißt es doch so schön? Wie man in den Wald hineinruft, so schallt es zurück. Das kann ich nur unterschreiben!

13. »Geld allein macht nicht glücklich – es gehören auch Aktien, Gold und Grundstücke dazu« – *Robert*

Um irgendwelche Geldanlagen musste ich mich lange Zeit überhaupt nicht kümmern. Festgeldkonten, Aktienfonds oder sonstiger finanzieller Klimbim war für uns in etwa so realistisch wie für Otto Normalverbraucher die Präsidentensuite im Ritz! Denn vom Beginn meiner Selbständigkeit an floss praktisch jede Mark direkt wieder in die Firma.

Los ging's schon damit, dass ich gleich nach dem Sprung ins kalte Wasser mit meinem Bruder zusammen unseren Großeltern mütterlicherseits ihren alten Spielwarenladen abkaufte. Wir brauchten für unser »MiRo«-Projekt zunächst überhaupt mal eigene Geschäfts- und Lagerräume. Opa und Oma machten uns zwar einen guten Preis. Knapp hunderttausend Mark kostete das Ding inklusive neuer Einrichtung trotzdem. Das war natürlich erstmal eine Hausnummer, die uns ganz schön Kopfschmerzen bereitete. Immerhin gab uns Mutter zusätzlich zu Michaels und meinen Ersparnissen einen kleinen Kredit dazu, damit wir die Summe stemmen konnten. Aber damit war es noch längst nicht getan. Wir benötigten darüber hinaus ja auch noch Kohle, damit wir überhaupt eigene Waren einkaufen konnten. Mit solchen Belastungen im Kreuz schläft es sich erst mal nicht besonders ruhig. Uns war jedoch klar, dass es anders nicht funktionieren würde.

Als die Firma dann erfolgreicher wurde, galt es einerseits die Schulden abzuzahlen – und andererseits wieder neu zu investieren, damit wir weiter wachsen konnten. Unser Rechnungsprinzip lautete eine Zeitlang, dass immer derjenige als Erster seine Kohle bekam, der am lautesten geschrien hatte! Wenn doch ab und zu mal der Baum am Brennen war, hat uns damals unsere Bank den Arsch gerettet! Das ging aber nur aufgrund persönlicher Beziehungen: Der Filialleiter kannte meinen Vater gut und räumte uns zeitweilig hunderttausend Mark Dispo ein. Wenn da etwas schiefgegangen wäre, hätte der gute Mann sicher seinen Job verloren – und wir die Firma! Aber hier griff aus unerfindlichen Gründen jedes Mal das Kölsche Grundgesetz: Et hätt noch immer jot jejange!

Schnell wurden unsere Räume zu klein. Da traf es sich hervorragend, dass mein Vater in der Zwischenzeit sein altes Firmengelände in Marsdorf an ein gerade erst neu eröffnetes Möbelhaus verkauft hatte. Die Möbel-Heinis hatten nicht mit einem solchen Ansturm gerechnet und brauchten unbedingt Flächen für neue Kundenparkplätze. Mein Vater machte den Deal gerne und zog mit seiner GmbH einfach zwei Straßen weiter. Er residierte dadurch in einer nagelneuen Halle auf einem riesigen, ansonsten unbebauten Areal. Michael und ich fanden den Gedanken sehr charmant, einfach an Vaters neue Zentrale einen knapp tausend Quadratmeter großen Anbau dranzusetzen, mit einer Büro-Etage und zwei Stockwerken Lager. So würde die Familie Geiss unternehmerisch gewissermaßen wiedervereinigt werden. Außerdem konnten wir uns das Geld für ein teures Grundstück sparen. Viel Schotter kostete uns das aber trotzdem noch!

Schon weitere eineinhalb Jahre später reichte auch diese Erweiterung nicht mehr aus. Wir fingen gerade an, Gewinne zu machen. Doch auch die konnten wir nicht auf die hohe Kante legen. Stattdessen mussten wir endlich selbst bauen und das Platzangebot ganz unseren Bedürfnissen anpassen. Ansonsten, das war klar, würde uns das alles eines nicht allzu fernen Tages um die Ohren fliegen.

Auf einer nahegelegenen Freifläche wollten wir uns unsere eigene, fünftausend Quadratmeter große Halle bauen. Die Pläne waren schon fix und fertig in der Schublade. Doch die Stadt machte uns einen Strich durch die Rechnung. Die Baugenehmigung, die eigentlich nur Routine sein sollte, verzögerte sich immer weiter. Wir mussten uns etwas anderes einfallen lassen. Auch in diesem Fall ließen uns meine guten Kontakte nicht im Stich.

Ein entfernter Bekannter war berühmt als lokaler »Bau-Pate«. Er zog dank seines ganz speziellen Drah-

tes zu den richtigen Behörden im gesamten Rheinland binnen kürzester Zeit gigantische Hallen in die
Höhe, die er dann an Baumärkte und Großhändler
verpachtete. Er hörte sich mein Anliegen an und bot
uns aus dem Stand ein Achttausend-Quadratmeter-
Areal in Brauweiler an, etwa fünf Kilometer westlich
von Köln. Er garantierte uns, dass unser neues Fir-
mengebäude innerhalb von sechs Monaten stehen
würde! Ich konnte das nie und nimmer glauben. Wie
sollte in einem Land, in dem schon die Genehmigung
für ein Gartenhäuschen über ein halbes Jahr dauerte,
so etwas möglich sein?

Aber dieser Mann schaffte es! Wie – das weiß ich
bis heute nicht genau. Er fing wohl einfach mit den
nötigen Arbeiten an und holte sich dann die fälligen
Bescheide nachträglich ab. Das konnte im Grunde
nur funktionieren, weil er die entsprechenden Leute
an den richtigen Stellen kannte. Klüngel eben. Uns
war das aber eigentlich egal. Alles hatte seine Ordnung, und wir unterschrieben einen Mietvertrag.
Alles war perfekt. Die Dimensionen waren nun wirklich gewaltig!

Als kurz darauf klar war, dass wir hier in Brauweiler dauerhaft mit der Firma bleiben wollten, schlos-
sen wir wenig später einen Kaufvertrag über das
Objekt ab. Für rund sechseinhalb Millionen Mark,
unsere bis dahin allergrößte Investition, hatte die Firma nun ein richtiges Headquarter – mit allem, was
dazugehört: Büros mit modernster Technik, eine Tele-

fonzentrale mit Bestellannahme und ein eigenes Hochregallager. Im folgenden Frühjahr zogen wir innerhalb von zwei Nächten mit Sack und Pack und unseren inzwischen schon achtzig Angestellten von Marsdorf nach Brauweiler um. Das sah jetzt wirklich nach etwas aus. Aber die Belastung war schon gewaltig und drückte mir aufs Gemüt!

So ging das im Grunde weiter. Für jede Mark, die wir einnahmen, steckten wir zwei in den Betrieb. Was nicht heißen soll, dass wir uns nicht auch mal etwas gegönnt haben. Mein Faible für schöne Autos habe ich ja schon beschrieben. Und nett wohnen wollte ich natürlich auch. Aber ausgesorgt hätten Michael und ich angesichts der horrenden laufenden Kosten während unserer Zeit als Geschäftsführer von »Uncle Sam« wahrscheinlich nie gehabt.

Erst als der Verkauf der Firma konkret wurde, musste ich mir wirklich Gedanken darüber machen, was ich irgendwann mal mit dem Geld anfangen sollte. Doch als der Deal konkret wurde, konnte ich das noch gar nicht. Zu viel gab es auch in dieser Angelegenheit zu tun!

Die ersten konkreten Gespräche führte ich mit der Kaufhof AG. Genauer gesagt, mit einem Generalbevollmächtigten des Konzerns. Damals fuhr der Kaufhof eine große Expansionsstrategie: Die suchten in ganz Europa mittelständische Versandunternehmen, um sie aufzukaufen. So kamen die auch auf uns.

Inzwischen kam mir ein solches Angebot durchaus gelegen. Noch ein Jahr zuvor hätte ich mich unter keinen Umständen von »Uncle Sam« trennen können. Das war unser Baby, das nicht nur unter unseren Augen laufen gelernt hatte, sondern das mittlerweile auf dem besten Weg war, Sprint-Weltmeister zu werden! Blöd nur, dass mich das eigene Kind langsam, aber sicher aufzufressen begann. Was hätte ich davon, wenn ich mit Mitte, Ende Dreißig einen Herzinfarkt erleiden und zum Pflegefall werden würde?

Mehrere Wochen zogen sich die Verhandlungen hin. Es war ätzend! Die Wirtschaftsprüfer von der Kaufhof-Seite bekamen jeden noch so detaillierten Einblick in unser Innenleben. Sie erstellten dutzendweise Expertisen über unseren Vertrieb, das Marketing oder die Logistik. Sie sprachen sogar mit all unseren Lieferanten und den größten Abnehmern. Das ging mir tierisch auf den Senkel, denn was dabei herauskommen würde, hätte ich denen auch vorher sagen können. Tatsächlich lautete das Ergebnis des ganzen Zinnobers: »Uncle Sam« war ein profitables, kerngesundes Unternehmen, das für die gesamte Gruppe einen hochinteressanten, neuen Geschäftszweig eröffnen würde. Der Verkauf schien nur noch Formsache.

Dummerweise hatte die damalige Kaufhof-Mutter Metro gerade eine ganz andere Baustelle, die in der Presse mächtig Staub aufwirbelte: Der Konzern hatte einige Jahre zuvor ein eher kleines Versandhaus mit

Sitz in Köln für wahnwitzige dreihundertvierzig Millionen Mark erworben! Kurz danach rutschte dieses Versandhaus tief in die roten Zahlen. Daraufhin vermuteten die Metro-Bosse, dass vor dem Geschäft von der Gegenseite noch schnell ein paar Zahlen frisiert worden waren. Das Verfahren wegen Bilanzfälschung und anderen Unzulänglichkeiten zog sich parallel zu meinen Verhandlungen nun auch schon einige Zeit hin.

Natürlich hatte das überhaupt nichts mit uns zu tun. Auf dem Papier stand Schwarz auf Weiß, dass der Kaufhof mit »Uncle Sam« einen echten Trumpf in die Hand bekommen würde. Aber aus Angst vor der eigenen Courage zogen die Metro-Leute die Notbremse und bliesen kurz vor knapp alle weiteren Gespräche mit uns ab. Der Generalbevollmächtigte wurde von ganz oben zurückgepfiffen und teilte uns nüchtern das Ende aller Verhandlungen mit.

Zunächst war ich ziemlich angepisst! Alles war schon so weit fortgeschritten. Ich hatte mich gedanklich bereits mit dem Verkauf abgefunden und Pläne für die Zeit danach geschmiedet. Stattdessen eierte ich nun wieder wie zuvor Tag für Tag ins Büro, musste zu Verhandlungen mit den üblichen Produktions- oder Vertriebshanseln fliegen und saß am Abend oft mit unerträglichen Kopfschmerzen zu Hause.

Doch der werte Herr Generalbevollmächtigte hatte während der vergangenen Wochen offenbar Blut geleckt. Jedenfalls meldete er sich kurze Zeit nach den geplatzten Gesprächen mit Kaufhof wieder bei uns.

Er hatte unsere ganzen Bücher eingesehen und aus erster Hand mitbekommen, dass »Uncle Sam« ganz sicher keine Luftnummer war. Also wollte er jetzt selbst mit uns ins Geschäft kommen.

»Wollt Ihr immer noch verkaufen?«, fragte er mich am Telefon.

»Klar«, sagte ich. »Lieber heute als morgen.«

»Ich finde einen anderen. Das verspreche ich Euch«, sagte er. »Der macht Euch am Ende sogar noch einen besseren Preis als der Kaufhof.«

Das klang gut. Wir vereinbarten einen Exklusivvertrag mit ihm. Innerhalb der nächsten vier Monate sollte er einen Käufer finden. Wir schrieben einen Mindestpreis in das Papier. Für jede Mark obendrauf würde der clevere Kerl von uns eine satte Provision einstreichen. Das war mir nur recht. So hatte er ein großes Interesse daran, einen guten Preis zu erzielen.

Nach ein paar Wochen hatte er tatsächlich einen dicken Fisch an der Angel: Es handelte sich um ein Traditionsunternehmen aus Solingen, das einst Rasiermesser und nun Textilien herstellte und damit eine dreiviertel Milliarde Mark Umsatz erzielte. Die beiden Geschäftsführer, zwei Brüder, wollten dem Laden einen frischen Anstrich verpassen. Das war für uns wie ein Sechser im Lotto! Denn man merkte schon bei den ersten Terminen: Die Jungs wollten »Uncle Sam« unbedingt haben.

Nur: Von heute auf morgen ließ sich der Übergang leider nicht bewerkstelligen. Es gab einen regelrechten Katalog an Dingen, die wir gemeinsam abarbeiten mussten! Jeder einzelne Arbeitsvertrag, angefangen von der Putzfrau bis hin zum Chefbuchhalter, musste umgeschrieben werden. Parallel dazu musste ich den kompletten nächsten Katalog für die neuen Eigentümer ausarbeiten – von der Entwicklung der Designs bis zum Foto-Shooting in San Francisco. Auch die Disposition der neuen Ware lief noch komplett über mich. Die Solinger konnten sich nicht so schnell in unser Business einarbeiten. Stattdessen mussten sie eine Firma übernehmen, die erstmal weiterhin flutschte. Sonst würde das nicht funktionieren. Und so gut wie es gerade lief, sollte draußen sowieso am besten niemand merken, dass »Uncle Sam« bald andere Besitzer hatte.

Kurzum: Es war eine absolut nervige Angelegenheit! Ich war von neun bis zweiundzwanzig Uhr im Büro, rauchte wie ein Schlot und trank literweise Kaffee. Anders ging es nicht. Bei jedem Punkt, der die letzten Jahre immer Routine gewesen war, musste ich abwägen, ob ich dafür überhaupt noch verantwortlich war. Oder erst recht. Alles, was ich machte, wurde von einem Anwalt abgesegnet. Sieben Monate ging das so. Wir vereinbarten außerdem einen einjährigen Beratervertrag für Michael und einen fünfjährigen für mich, damit die Käufer nicht ganz ohne unser Know How dastanden.

Der endgültige Preis wurde auch erst nach monatelangen Prüfungen festgelegt und sollte in zwei Raten überwiesen werden: die erste mit Unterzeichnung des Vertrages. Die zweite erst nach Ablauf dieser Fünf-Jahres-Frist. Ich hatte zwar keine Ahnung, wie ich mich in einem Unternehmen einbringen sollte, das nicht mehr mir gehörte, aber die neuen Eigentümer bestanden darauf.

Die Gespräche gingen in die Endphase. Die Verträge wurden gerade von hochspezialisierten Juristen in der Schweiz ausgearbeitet. Ich setzte mich in einem der wenigen ruhigen Momente mit meinem Bruder zusammen. Er war zu diesem Zeitpunkt siebenundzwanzig, ich neunundzwanzig Jahre alt. Wir guckten uns an und dachten nach: Das Geld, das wir bald haben würden, war natürlich eine große Verlockung. Dafür wäre aber unser beider Lebenswerk weg! Alles, was wir uns gemeinsam aufgebaut hatten. Alles, was uns in den letzten beinahe zehn Jahren antrieb.

»Machen wir den Sack zu?«, fragte mich Micha.

»Machen wir den Sack zu!«, sagte ich. Ich musste schlucken.

Kurz darauf unterschrieben Michael und ich den Kaufvertrag. Es gab kein Zurück mehr! Ich konnte gar nicht mal sagen, ob sich das irgendwie komisch anfühlte, ob ich erleichtert oder traurig war. Dafür hatte die letzten Monate zu viel Trouble geherrscht. Wahrscheinlich deshalb habe ich mir jenen ominösen Kontoauszug, auf dem die ganze Summe erstmals draufstand, auch nie angesehen. Wirklich nicht.

Aber ich hatte das Geld nun mal. Jetzt musste ich überlegen, was ich damit anfangen sollte. Natürlich wollte ich Carmen und mir nach den ganzen Strapazen etwas gönnen, ein paar Wochen im Hotel de Paris zum Beispiel, um unsere Wohnung in Monaco einzurichten. Aber natürlich war ich viel zu vernünftig, um zum Beispiel im Casino gegenüber alles auf Rot zu setzen.

»Es ist eine Herausforderung einen Sack Geld so zu verwalten, dass er möglichst lange hält.«

Als das Geld auf dem Konto war, konnte ich mich vor freundlichen Finanzberatern kaum retten. Wir hatten mit »Uncle Sam« zwar das Glück, dass uns unsere Bank ein paar Mal echt den Arsch gerettet hat. Das aber war mehr persönlichen Beziehungen geschuldet und weniger ihrer sozialen Einstellung. Insofern herrschte bei mir eine gewisse Grundskepsis vor, was die Tipps von Bankern anging. Das war damals nicht anders als heute!

Ich saß also da vor jeder Menge geschniegelter Typen, die mich mit wichtig klingenden Fachbegriffen und großartigen Versprechen bombardiert haben. Und jedes Mal, wenn mir so jemand in den schillerndsten Farben erzählt hat, was er nun mit meiner Kohle anstellen will, um sie todsicher und schnell zu vermehren, da dachte ich mir: Wenn der gute Mann genau wüsste, wie gut das alles funktioniert – warum sitzt er dann nicht auf der anderen Seite? Eine plausible Antwort auf diese Frage ist mir nie eingefallen. Deshalb habe ich den meisten Bankern auch bei weitem nicht alles geglaubt, was sie mir verklickern wollten.

Natürlich habe auch ich dabei Fehler gemacht. Beim ersten großen Börsencrash der jüngeren Zeit, nach den Anschlägen am 11. September 2001, habe ich eine ganze Menge Geld verloren, weil manche Aktien, auf die ich gesetzt hatte, im besten Fall auf einmal nur noch ein Drittel wert waren. Solche Entwicklungen kann niemand voraussehen, nicht einmal die seriösesten Experten. Nur habe ich in dieser Hinsicht zum Glück nie alles auf eine Karte gesetzt. Dafür bin ich viel zu misstrauisch.

Außerdem kriegst Du die warnenden Beispiele immer mal wieder vor Augen geführt, denn hier in Monaco lässt sich das Auf und Ab ganz prima beobachten. Vor ein paar Jahren ist auf einmal ein ganzer Haufen Investment-Fuzzis aufgetaucht. Die haben eine Zeitlang schwer auf die Kacke gehauen! Immer, als wir vor der Schule standen, um Davina und Shania abzuholen, ist so ein Banker-Papa mit dem Rolls vorgefahren und die Mama mit dem Bentley gleich hinterher. Ich kenne Fälle, da haben solche Leute achtzigtausend Euro Monatsmiete geblecht, ohne mit der Wimper zu zucken.

Tja, und auf einmal waren die Jungs wieder von der Bildfläche verschwunden, nur der Rolls und der Bentley waren noch da – als hübsch aufpolierte Gebrauchtwagen im Autohaus. Das war's dann mit der Überholspur! Manchmal bekommt man beim Einkaufen oder beim Mittagessen dann noch mit, was aus einigen dieser Typen geworden ist. Und manchmal hört man auch nur was von irgendeinem internationalen Haftbefehl. Wenn Du so was wie ich seit achtzehn, neunzehn Jahren machst, kann Dich das allerdings nicht mehr groß beeindrucken.

Da halte ich mich lieber an die Immobilien-Kiste. Zumindest an der Côte d'Azur kann dabei nicht allzu viel schief gehen. Klar ist China der Markt der Zukunft, aber nur, was Konsumprodukte angeht. Ich glaube nicht, dass man irgendwo am Golf von Bohai viel Geld mit schicken Sommerhäusern verdienen kann. Es wird immer Menschen geben, die dort Urlaub machen wollen, wo es eben besonders schön ist. Das ist hier nun mal der Fall. Und die Sonne wird sich schon nicht plötzlich verabschieden!

Das meiste von meinem Geld habe ich seit dem Crash wirklich sehr konservativ angelegt. In meinem Fall lohnt sich auch ein verhältnismäßig geringer Zinssatz. Natürlich ist es ungerecht, dass ein Kleinsparer für seine mühsam auf die Seite gelegten zehntausend Euro momentan vielleicht eineinhalb Prozent Zinsen bekommt. Davon kann man zwei, drei Mal essen gehen, mehr nicht. Aber es ist immer noch besser, als alles zu verlieren.

***

Natürlich kann ich Euch jetzt keinen konkreten Anlagetipp geben, was Ihr mit Eurem Geld anstellen sollt, wenn Ihr welches habt. Ob etwas wirklich funktioniert, hängt von so vielen Faktoren ab, die letztlich keiner beeinflussen kann. Was ich Euch aber ganz sicher sagen kann: Vertraut nicht blind irgendwelchen Beratern! Verlasst Euch vor allem auf Euer Bauchgefühl und entwickelt mit der Zeit ein Gespür dafür, wie sich manche Dinge langfristig entwickeln. Ganz wichtig ist, immer nur so viel Geld einzusetzen, wie man tatsächlich entbehren kann. Das ist zwar zugegebenermaßen kein besonders origineller Ratschlag. Aber was nützt Euch der beste geschlossene Aktienfonds, wenn Ihr keinen Käufer für Eure Anteile findet – und die nächste Miete fällig ist!

14. »Haltet zusammen, in guten wie in schlechten Tagen« – *Carmen*

Auch wenn es heute manchmal so aussehen mag: Robert und mir hat weiß Gott niemand etwas geschenkt. Wir haben vor dem Dolce Vita ganz schön viel einstecken müssen, vor allem in den allerersten Jahren, die wir gemeinsam verbracht haben. Und wir haben gegen wahnsinnig viele Widerstände von allen Seiten gekämpft! Man darf ja nicht vergessen, dass wir beide zusammen sind, seit wir fast noch Kinder waren. Und wer kann das heutzutage schon von sich behaupten, dass er seinem Partner seit über dreißig Jahren treu geblieben ist? Das soll uns erst mal einer nachmachen!

Logisch, der ein oder andere Traum, den ich als junges Ding hatte, ist auch auf der Strecke geblieben. Zum Beispiel der, eine richtige Model-Karriere oder eine erfolgreiche Laufbahn beim Fernsehen einzuschlagen. Nun wollen dieses Ziel natürlich viele Mädchen erreichen, aber bei mir hätte das wirklich beinahe geklappt: Um ein Haar hätte ich dank des großen Rudi Carrell eine richtige Showbusiness-Karriere hingelegt!

Über meine alten Model-Connections landete nämlich eine Anfrage von Endemol bei mir, einem holländischen Medienunternehmen, das TV-Formate entwickelt und vorwiegend fürs niederländische, aber seit einiger Zeit auch fürs deutsche Fernsehen produziert. Die Firma hatte ihren Sitz in Amsterdam, arbeitete allerdings eng mit ein paar Agenturen aus dem Raum Köln/Düsseldorf zusammen, zu denen ich einen ganz guten Draht hatte. Damals, also Anfang der neunziger Jahre, ging es um eine ganz neue Show rund ums Thema Ferien, für die noch ein paar ansehnliche Damen gesucht wurden.

Die Leute von Endemol hatten anscheinend ein paar Sedcards gesichtet und eine Auswahl davon Herrn Carrell gezeigt. Der war von mir offenbar so angetan, dass er mich höchstpersönlich für das Casting vorgeschlagen hat. Robert dagegen war von der Idee nicht ganz so begeistert. Doch das war mir in diesem Moment egal. Nachdem ich die Zusage von Endemol bekommen hatte, zeichneten wir »Rudis Urlaubs-Show« im Schwimmbad des Kölner Interconti-Hotels auf.

Meine Rolle war nicht besonders groß, aber sehr lustig. Rudi hat gesungen, es gab ein paar sommerliche Einspielfilme und eine Reihe typischer Carrell-Sketche. Ich war im Grunde genommen lediglich eine dekorative Begleitung des Ganzen, die im Bikini den Zuschauern ein wenig Lust auf Sonne, Strand und Meer machen sollte. Das Video von der Sendung habe ich immer noch. Offenbar erledigte ich meine Sache nicht ganz schlecht. Denn nach diesem Auftritt sollte ich gleich nach dem Willen der Verantwortlichen die Assistentin des Moderators in einer anderen, neuen Show werden, die ebenfalls von Endemol entwickelt worden war.

Ich freute mich über das Angebot, erzählte zu Hause aber erst mal nix. Robert hatte eh den Kopf voller anderer Dinge, da wollte ich nicht auch noch mit etwas daherkommen, was ihm ganz sicher nicht hundertprozentig passte. Ein, zwei Mal gelang es mir sogar, das anberaumte Casting zu verschieben, was die Situation aber auch nicht besser machte – im Gegenteil. Irgendwann konnte ich mich nicht mehr drücken. Die Firma nannte mir den letztmöglichen Termin. Wenn ich da wieder nicht erschien, waren meine Chancen auf den Job endgültig dahin. Blöd war nur, dass wir an jenem Tag in den Urlaub nach Spanien düsen wollten. Unser Flug ging am Nachmittag.

»Robert, bevor wir fliegen, muss ich noch kurz wohin«, druckste ich herum.

»Wo willst Du denn jetzt noch hin?«, fragte er misstrauisch, obwohl wir noch ein paar Stunden Zeit hatten. Er ahnte, dass es sich nicht um einen Besuch beim Friseur handelte.

»Ich hab 'nen Termin. Das ist wieder so ein Casting für 'ne Pilotsendung«, sagte ich und versuchte, die Bedeutung des Ganzen ein wenig herunterzuspielen.

»Nicht schon wieder! Und nicht heute. Das kannst Du vergessen«, sagte er, doch ich war schon auf dem Weg in die Garage zu meinem Auto.

»Du fährst da nicht hin«, rief er mir nach. »Die hundertfünfzig Mark, die Du da am Tag verdienst, die kriegst Du von mir«.

Ich hörte gar nicht mehr richtig zu, denn ich wollte das unbedingt durchziehen, zumal die Leute schon Kostüme für mich umgearbeitet hatten. Doch durch mein schlechtes Gewissen einerseits und den kleinen Streit andererseits war meine Konzentration dahin. Ich musste im Studio die ganze Zeit an Robert denken und an den bevorstehenden Urlaub, auf den ich mich sehr gefreut hatte. Auf keinen Fall wollte ich, dass wir uns zuvor richtig zofften. Wahrscheinlich deshalb machte ich wirklich keine besonders gute Figur. Das Casting war eine reine Katastrophe. Natürlich bekam ich die Rolle nicht und fuhr frustriert wieder nach Hause.

Robert war nicht ganz so unglücklich wie ich, dass es nicht geklappt hatte. Bis Spanien hatten wir deswegen auch noch ein bisschen Theater. Aber irgendwann war es dann wieder gut. Der Anfang meiner TV-Karriere war gleichzeitig also auch das Ende, was mich damals wirklich traurig gemacht hat. So eine Chance bekommt schließlich auch nicht jeder. Damals konnte ich ja nicht ahnen, dass wir knapp zwei Jahrzehnte später sogar beide ins Fernsehen kommen würden!

Eine andere Episode, die ganz gut beschreibt, wie folgerichtig es für uns war, gemeinsam durch dick und dünn zu gehen, hatte sich gleich zu Beginn unserer Beziehung abgespielt.

Nun muss man dazu wissen, dass unser erster gemeinsamer Urlaub in Spanien, der uns über ein paar Umwege in das Ferienhaus von Roberts Familie in Calpe führte, von unseren Eltern nicht wirklich offiziell genehmigt war. Die genaueren Umstände sind nicht wirklich von Belang, viel wichtiger in diesem Zusammenhang ist, dass der unvermeidliche Ärger zu Hause uns nur noch fester zusammenschweißte.

Trotzdem waren die Wochen nach der Rückkehr schrecklich! Ich schleppte mich, so gut es ging, in die Schule. Mit meinen Gedanken war ich allerdings meistens bei Robert, den ich eigentlich immer um mich hätte haben wollen. Er aber musste den ganzen Tag ziemlich hart bei seinem Vater arbeiten, so dass wir uns – wenn überhaupt – nur abends sehen konnten, um ein Eis essen zu gehen oder in Ausnahmefällen auch mal ins Kino.

Nach drei, vier Wochen waren wir beide mit den Nerven runter. Uns war klar, dass etwas passieren musste, sonst würde unser junges Glück am Ende des Tages noch an unserer steigenden Unzufriedenheit mit der momentanen Situation zerbrechen. Als wir so durch die Kölner Innenstadt bummelten, zog mich Robert zur Seite und wurde auf einmal ganz ernst.

»Wir müssen hier weg, auf andere Gedanken kommen«, sagte er. »Lass uns wieder nach Spanien fahren!«

»Ich seh' das genauso. Lass uns das machen«, antwortete ich. Wenn Du liebst, dann mit Leib und Seele,
dachte ich bei mir.

So fuhren wir also zum zweiten Mal mehr oder
weniger inoffiziell gemeinsam nach Calpe an die Costa Blanca. Natürlich hatten wir kaum Geld, und zu
allem Überfluss begann dort gerade die Saison. Wir
fanden als potenzielle Bleibe nur ein einziges Appar-
tementhaus in zweiter Reihe, das noch ein Zimmer
frei hatte. Die Bude war sauber, hatte aber lediglich
vierzig Quadratmeter und eine winzige Kochnische
im Wohnzimmer. Trotzdem kostete sie rund fünfhundert Mark pro Woche. Wir rechneten hoch, wie
lange wir bei unserem Budget hierbleiben konnten
und kamen zu dem Schluss, dass der Preis viel zu
teuer für uns sei.

Robert hatte eine viel bessere Idee: Das preiswer-
teste Leben würden wir in einem Zelt haben! Die Tage
waren mittlerweile schön warm und die Nächte angenehm mild. Ich fand den Gedanken super-roman-
tisch, und so kauften wir uns im Ort eine komplette
Ausrüstung mit stabilen Alustangen, zwei Isomatten,
Schlafsäcken und einem Gaskocher. Die beiden Zelt-
plätze am Ortsrand verlangten jedoch immer noch
gute zwanzig Mark am Tag. Deshalb gab es nur noch
eine Alternative, und die war nicht nur kostenlos,

sondern vor allem richtig gemütlich: Wir beschlossen, im Wald zu campen.

Wir zogen los und suchten uns ein lauschiges Plätzchen. Am Anfang gestaltete sich das schwieriger als gedacht: Entweder das Gelände war zu abschüssig oder zu feucht. Ein Waldstück war zu nah am Ort, ein anderes zu weit entfernt. Wir fuhren mit Roberts Auto in der Gegend herum und entdeckten entlang der Küstenstraße von Calpe nach Altea eine Baustelleneinfahrt. Wir bogen hinein und standen wenige Minuten später oberhalb einer Bucht, die offensichtlich irgendwann einmal ein Yachthafen werden sollte. Es war einfach die perfekte Location für uns zwei: einigermaßen geschützt, mit Blick aufs Meer und nicht allzu weit entfernt von der Straße, falls man mal schnell was zu essen oder zu trinken kaufen wollte.

Am nächsten Morgen wachten wir in aller Frühe auf, weil ein Lastwagen nach dem anderen mit lautem Getöse Steine ins Meer kippte. An Schlaf war nicht mehr zu denken, also setzten wir uns vor unser kleines Zelt und beobachteten die Männer bei der Arbeit. Wir hatten ja keinen Stress, insofern war uns der Lärm nicht unangenehm. Außerdem waren die Arbeiter sehr freundlich. Ab dem dritten Tag begrüßten sie uns immer schon freudig, wenn wir ihnen auf unserer improvisierten Terrasse zuschauten.

Ein Stückweit oberhalb von uns, mit einem etwas besseren Blick auf die Bucht, befand sich, wie wir kurz darauf feststellen sollten, der Landsitz der Familie

Osborne. Und weil die guten Osbornes sich um ihre weltbekannte Brandy-Produktion kümmern mussten, hatte ihre Haushälterin offenbar genug Zeit, um unser Vagabunden-Dasein ausgiebig von dort oben zu begutachten. Nach ein paar Tagen kam sie schließlich zu uns runter. Sie konnte zwar kein Wort Deutsch oder Englisch, und wir sprachen kaum Spanisch. Trotzdem verständigten wir uns irgendwie mit Händen und Füßen – und freundeten uns prompt mit ihr an.

Was ich trotz aller Sprachbarrieren gleich verstand war, dass sie ursprünglich Friseuse gelernt hatte, bevor sie beim Branntwein-Adel als Mädchen für alles anfing. Und weil ich nicht wollte, dass die Gute aus der Übung kommt und sie mich als Versuchsobjekt für geeignet hielt, stapfte ich ab diesem Moment tatsächlich zwei Mal wöchentlich ins Osborn'sche Anwesen hinauf, um mir die Haare machen zu lassen. Ja, ich wollte auch beim Wildcampen schön aussehen. So wurde eine echte Leidenschaft von mir geboren!

Wir lebten eine Zeitlang einfach in den Tag hinein, gingen ab und zu nach Calpe oder Benidorm zum Essen oder spazierten in der Gegend herum. Es war einfach zu schön, gemeinsam Tage und Nächte zu verbringen, so ganz ohne einen Gedanken an Arbeit, Schule oder sonstige Verpflichtungen. Doch es kam natürlich, was kommen musste: Nach ein paar Wochen ging uns das Geld aus. Es gab nur eine Möglichkeit: Wir mussten zurück zu unseren Familien und die Sache anständig klären. Soll heißen: Robert und ich mussten endlich offen mit unseren Eltern sprechen und uns ernsthaft überlegen, wie wir unser gemeinsames Leben auf die Reihe bekämen.

Auf der langen Rückfahrt nach Köln war ich erstaunlicherweise gar nicht traurig, dass dieser wunderbare Urlaub vorbei war. Denn ich wusste, dass ich jetzt ein für alle Mal jemanden an meiner Seite hatte, der sein ganzes Leben auf uns aufpassen würde. Das fühlte sich gut an. Spätestens ab diesem Moment hatte ich das allererste Mal in meinem Leben das tolle Gefühl, dass sich ein Mann richtig um mich bemühte. Um es mal ganz romantisch zu sagen: Robert holte mir die Sterne vom Himmel! Und er zeigte mir zumindest ein kleines Stück von der großen Welt. Ich fühlte mich wie eine Prinzessin, und dazu brauchten wir tatsächlich nur ein Zelt.

Übrigens: Der Hafen, der sich damals im Bau befand und der in den paar Wochen praktisch unser Zuhause war, wurde einige Jahre später fertiggestellt. Er heißt heute »Louis Campomanes Marina« – und wurde dann zu jenem Hafen, in dem Robert sein allererstes Boot liegen hatte, als er es sich wegen des zunehmenden Erfolges von »Uncle Sam« leisten konnte. In dem Moment, in dem wir dann zum ersten Mal auf diese damals noch nicht ganz so mondäne Yacht gestiegen sind, mussten wir beide lachen. Es wurde ein wunderbarer Abend mit vielen schönen Erinnerungen. Das hat die verrückte Geschichte von damals irgendwie abgerundet.

»Ich liebe meinen Mann noch wie am ersten Tag.«

Wir haben seitdem immer zusammengehalten, egal was war. Das galt selbst dann, wenn sich einer von uns etwas unbedingt in den Kopf setzte – und sich das partout nicht ausreden lassen wollte. Zum Beispiel in meinem Fall die erste kleine Schönheits-OP. Die nämlich fand Robert, ob Ihr's glaubt oder nicht, zunächst ganz und gar nicht gut...

Als ich den Entschluss dazu fasste, war ich noch ziemlich jung und empfand mich sogar selbst als recht ansehnlich. Aber ich war, das ließ sich einfach nicht leugnen, fast so flach wie ein Bügelbrett! Das lag natürlich auch an dem vielen Sport, den ich seit Jahren machte. Aber irgendwie fand ich einen großen Busen einfach weiblicher, und vielleicht fürchtete ich mich insgeheim auch ein bisschen davor, dass Robert mich eines Tages nicht mehr ganz so anziehend finden würde. Außerdem arbeitete ich zu jener Zeit in unserem gemeinsamen Laden in der Ehrenstraße und konnte tagein, tagaus bei so mancher Kundin die Vorzüge der modernen plastischen Chirurgie aus nächster Nähe sehen.

Trotzdem schob ich den Gedanken, mich unters Messer zu legen, erst wochenlang in meinem Kopf hin und her, bevor ich endlich den Mut hatte, meinen Göttergatten in die Pläne einzuweihen. Eigentlich war ich mir ja sicher, dass er nix dagegen haben würde, denn welcher Mann wehrt sich schon, wenn seine Freundin freiwillig an ihren Dingern rumschrauben lassen möchte?

»Ich fahre übernächste Woche nach Nürnberg«, eröffnete ich ihm.

»Was willst Du denn da?«, fragte Robert. »Willst Du auf die Spielwarenmesse? Wir machen doch jetzt Klamotten«, spottete er.

»Ich fahre zu einem Arzt«, sagte ich.

»Bist Du denn krank? Kannst Du nicht auch hier zum Doktor gehen?«, fragte er nur halb im Spaß weiter.

Aber das konnte ich natürlich nicht, denn in Nürnberg lebte damals einer der erfolgreichsten Schönheitschirurgen Deutschlands, was auch dessen Spitzname »Dr. Busen« untermauerte. Ich hatte mich natürlich bei einigen seiner Patientinnen in meinem Bekanntenkreis und auch bei meinen Kundinnen informiert und versuchte nun, Robert die Sache schmackhaft zu machen. Zu meiner großen Überraschung fand er die Idee jedoch erstmal ziemlich beschissen.

»Was soll das denn? Du brauchst doch nicht für teures Geld an Dir herumschnippeln zu lassen«, schimpfte er.

Ich glaubte natürlich nicht, dass es ihm einfach um die schnöde Kohle ging, sondern dass er wirklich Angst um mich hatte. Das aber hätte er sicherlich ungern zugegeben. Wir stritten in der Folge tagelang um meine neuen Brüste. Immer wieder schnitt ich das

Thema an, und immer wieder wiegelte er mit faden-
scheinigen Argumenten ab. Doch meine Beharrlich-
keit zahlte sich schlussendlich aus.

»Dann fahr«, sagte Robert entnervt zu mir. »Aber
pass auf, dass der Kerl keinen Mist baut!«

Ich hatte ehrlich gesagt keine Ahnung, was da auf
mich zukam. Klar war nur, dass ich endlich einen Termin hatte und was eine solche OP ungefähr kostete.
Aber was und wie viel mir der hochgelobte Busenmacher letztendlich einbauen würde, davon wollte sich
der Implantat-Experte vor Ort selbst ein Bild machen.
Und so fuhr ich kurz darauf mit meinen Röntgenauf-
nahmen, einem frischen Blutbild, sechstausend Mark
Budget sowie einer kleinen Reserve mit dem Zug
nach Nürnberg.

Je weiter ich jedoch im Intercity Richtung Bayern
fuhr, umso mehr Schiss bekam ich vor dem Eingriff.
Ich malte mir die schlimmsten Szenarien aus: Was,
wenn ich aus der Narkose nicht mehr aufwachen würde? Was, wenn irgendetwas bei der Operation schief-
ging und ich für alle Zeiten entstellt wäre? Ich war
mir nun gar nicht mehr so sicher, dass ich das wirklich auf mich nehmen wollte!

Noch am Nürnberger Hauptbahnhof stöckelte ich
in die erstbeste Telefonzelle und rief Robert an.

»Ich kann das nicht«, schluchzte ich in den Hörer.
»Ich fahr' sofort wieder zurück!«

Doch Robert hatte sich inzwischen auch mit den
Vorzügen einer Brustvergrößerung arrangiert und

konnte mich beruhigen. Nach ein paar Minuten guten Zuredens hatte ich mich wieder gefangen. Mit dem Taxi fuhr ich zur Villa des berühmten Chirurgen, in der gleichzeitig auch seine Klinik untergebracht war. Nach einer kurzen Begrüßung und ein paar routinemäßigen Checks bekam ich mein Zimmer. Hier lag ich nun, zwischen weißen Marmorstatuen und unter goldenen Kronleuchtern, und wusste nicht, ob ich lachen oder weinen sollte. In der Nacht machte ich kein Auge zu. Am nächsten Morgen holte mich der Arzt ab und erklärte mir, was er mit mir veranstalten würde. Dabei hatte er zwei kleine, weiche und beinahe durchsichtige Kugeln in der Hand.

»Das sind jeweils hundertfünfzig Gramm«, sagte er. »Zu mehr würde ich Ihnen im ersten Schritt nicht raten. Sonst könnte das Probleme mit der Hautspannung geben.«

Ich nickte und stellte mir vor, dass sich in ein paar Stunden diese komischen Bälle mitten in meinem Körper befinden würden. Schon wieder bekam ich Panik! Doch dagegen half ganz prima die »Leck mich am Arsch«-Spritze, die mir wenig später der Assistenzarzt verabreichte. Der Busenmacher verschwamm vor meinen Augen, und ich schlief ein.

Als ich aus der Narkose wieder aufwachte, war mir kotzübel. Unter meinen Achseln steckten zwei Drainagen, damit das Wundsekret besser ablaufen konnte. Und ich hatte natürlich tierische Schmerzen im Brustbereich. So lädiert quälte ich mich durch die nächsten zwei Tage. Ich konnte kaum etwas essen und dämmerte die ganze Zeit vor mich hin. Am dritten Tag im Busen-Palast kam Robert nach Nürnberg angedüst, um mich wieder abzuholen.

Er begrüßte mich ganz euphorisch, so lange waren wir zuvor beinahe noch nie voneinander getrennt. Aber mir ging es gar nicht gut. Ich spürte die beiden Fremdkörper in mir, und mein Bindegewebe konnte sich mit ihnen erst recht noch nicht anfreunden. Es fühlte sich an, als hätte mir der Doc statt Implantate zwei Tennisbälle unter die Haut geschoben. Und was noch viel schlimmer war: Es sah auch so aus! Natürlich mussten sich die guten Stücke erstmal Platz schaffen, damit sich mein Busen langsam aushängte. Aber das wusste ich zu diesem Zeitpunkt noch nicht. Anstatt glücklich über mein neues Aussehen zu sein, fuhr ich vollkommen deprimiert mit Robert zurück nach Köln.

Um mich abzulenken, ging ich am nächsten Tag gleich wieder in unsere Boutique in der Ehrenstraße zum Arbeiten. Allerdings konnte ich wegen der Schnitte die Arme nicht anheben, kein Stück! Ich stand da wie ein Nussknacker, und unsere Kunden müssen mich für vollkommen bekloppt gehalten haben, aber es war, als wären meine Arme am Körper festgenäht! Ich konnte nicht mal ein T-Shirt aus dem oberen Regal herausholen. Zum Glück hat mich niemand überfallen, denn das Kommando »Hände hoch« hätte ich schlichtweg nicht befolgen können.

Zehn Tage lang ging das so. Erst dann wurde es langsam besser.

Gefallen haben mir meine neuen Brüste trotzdem nicht. Und Robert auch nicht. Hundertfünfzig Gramm waren einfach zu wenig gewesen. Da hätte der liebe Doktor ruhig ein bisschen mehr draufpacken können, fand ich. So aber sahen die Dinger aus, als ob einem während der OP das Geld ausgegangen wäre. Ich traute mich kaum noch, einen Bikini anzuziehen. Und im Spiegel betrachten wollte ich mich erst recht nicht.

Meine Unzufriedenheit zog sich eine ganze Zeit hin. Irgendwann fasste ich mir ein Herz und rief in der Nürnberger Privatklinik an.

»Wir müssen noch mal was machen«, sagte ich ihm.

»Kein Problem«, sagte er, und wir machten einen zweiten Termin aus. Wieder setzte ich mich also in den Zug nach Nürnberg und fuhr mit dem Taxi zu Dr. Busen. Der aber kam nach der üblichen Voruntersuchung nicht zur Visite, sondern ein junger Arzt, den ich nicht kannte.

»Grüß Gott«, lachte mich der Nachwuchs-Chirurg an. »Wir beide haben morgen Früh einen kleinen Termin miteinander!«

»Da muss ein Irrtum vorliegen«, sagte ich. »Ich habe einen Termin bei Ihrem Chef.«

»Nein, nein«, lachte der Jüngling. »Das ist schon in Ordnung! Der Herr Doktor operiert nicht mehr so viel. Das mache jetzt dafür ich.«

Ich war geschockt.

»Das möchte ich aber nicht«, stammelte ich und versuchte, einen klaren Gedanken zu fassen. Der erste Eingriff war ja schon nicht zu meiner hundertprozentigen Zufriedenheit verlaufen. Aber wenn nun nicht einmal der Chef selbst mehr das Skalpell in die Hand nehmen würde, dann wollte ich hier nur noch weg! Auf alle Fälle machte ich dem Nachwuchs-Arzt klar, dass ich auf keinen Fall länger hier bleiben würde, packte meine Sachen und machte mich auf den Weg zum Bahnhof. Dort stand ich dann, aufgebrezelt wie eine Gräfin und mit einigen Tausend Mark in der Handtasche und wartete auf den Nachtzug nach Köln.

So konnten meine beiden Brüste aber auf Dauer nicht bleiben. Abhilfe musste also her! Und sie kam dann auch eine Zeit später, in Gestalt eines anderen Arztes, den wir auf einer Veranstaltung in Köln kennenlernten. Ich fand ihn sofort sympathisch und berichtete ihm von meinem Dilemma. Nach einer kurzen Untersuchung wenige Tage später hat mir der Meister dann meine beiden Tennisbälle, mit denen ich so unglücklich war, raus- und ein paar Gramm größere Kissen reingemacht. Nun trug ich ein Pfund zusätzlich auf jeder Seite mit mir herum. Das sah doch mal nach etwas aus! Und inzwischen fand auch Robert meinen Wunsch nach einem größeren Busen ganz okay.

Was er allerdings nicht ganz so gut fand war, dass ich nach der erneuten OP nicht nur mit neuen Brüsten, sondern auch mit zwei Tampons in der Nase nach Hause kam.

»Was hast Du denn da?«, fragte er. »Bist Du vom Operationstisch gefallen?«

»Nee«, sagte ich. Ich hatte Robert nicht erzählt, dass ich meinen kleinen Höcker, den ich auf der Nase hatte, bei der Gelegenheit mitbegradigen lassen wollte. Wenn ich doch schon mal da war...

»Ich dachte, Du wolltest Dir nur die Brüste machen lassen«, sagte Robert streng. »Was soll das denn?«

»Hat mir nicht mehr gefallen«, näselte ich durch meine Tampons.

»Das hätte es nicht gebraucht«, ärgerte er sich. »Dass Du da auch noch an Dir rumschnippeln lässt.«

Ich hatte ein schlechtes Gewissen, denn eigentlich fand ich es ja ganz süß, dass Robert mein Hubbel nicht störte. Aber nun war er eben weg. Und meine blöden Komplexe wegen meiner zu kleinen Brüste auch! Bis zur heutigen Oberweite war es allerdings noch ein weiter Weg, das muss ich zugeben. Da musste der ein oder andere Schönheitschirurg noch ein paar Mal ran, darüber kann ich im Vergleich zu manch anderen Damen ganz offen sprechen. Allerdings war das erst Jahre später und dann von Anfang an mit Roberts Einverständnis.

Natürlich habe auch ich Robert immer den Rücken freigehalten und ihn in seinem Tun bestärkt – auch dann, wenn's möglicherweise manchmal wehtat. Im

Gegenzug hat er wirklich alles dafür getan, um uns das Leben zu ermöglichen, das wir heute führen. Das ist der Deal, der unausgesprochen zwischen uns bestand. Kein schlechter, wie ich finde.

***

Im Grunde genommen hat es mit Robert und mir wahrscheinlich deshalb funktioniert, weil wir beide trotz unserer unterschiedlichen Charaktere einfach Seelenverwandte sind – wir gucken uns an und wissen praktisch im selben Moment, was der andere einem sagen will. Das ist wirklich praktisch und bewahrt einen vor großen Missverständnissen. Was ich noch ganz wichtig finde: Wir nehmen den anderen ernst, wenn es denn mal sein muss. Aber wir lachen auch übereinander, wenn etwas nun mal zum Lachen ist. Manche Sprüche von Robert zum Beispiel. Für andere Menschen mag das manchmal fies klingen, aber ich muss in den allermeisten Fällen dann doch darüber schmunzeln. Der aber vielleicht bedeutendste Aspekt in unserer Beziehung ist: Wir sprechen miteinander anstatt aneinander vorbeizuleben! Wenn ich beim Mittagessen manchmal andere Paare beobachte, die sich von der Vorspeise bis zur Rechnung anschweigen, dann läuft es mir eiskalt den Rücken herunter. Bei uns redet immer einer. Und das, obwohl wir kaum einen Tag in den letzten dreißig Jahren ohne den anderen verbracht haben.

15. »Bleib Dir selber treu« – *Robert*

Zum Schluss müssen wir natürlich auch noch darauf zu sprechen kommen, wie wir überhaupt im Fernsehen gelandet sind. Das war nämlich nie geplant. Außerdem wäre einer unserer ersten Kontakte mit der Materie fast auch unser letzter gewesen! Obwohl ich sonst für viele Projekte offen bin: Auf die Idee, uns beziehungsweise unser Leben zu filmen, wäre ausnahmsweise nicht mal ich gekommen. Wir lebten ja schon jahrelang in Monaco, Kitzbühel und Saint Tropez. Für uns war das also nichts Besonderes mehr. Dass unser Alltag aber für Außenstehende interessant sein könnte, darüber dachte ich anfangs gar nicht nach.

Zwar waren wir ein paar Mal schon für kleinere Beiträge gefilmt worden, zum Beispiel von unserem Kumpel Kai am Rande des Grand Prix von Monaco. Aber etwas Eigenes über unsere Sippe zu machen, das kam uns nicht wirklich in den Sinn. Eine Bekannte von uns sah das offenbar anders. Sie lief uns zuvor in ihrer Eigenschaft als Jet Set-Reporterin immer mal wieder in Kitzbühel oder an der Côte d'Azur über den Weg. Außerdem entwickelte sie für verschiedene deutsche Privatsender neue TV-Formate. Irgendwann haute sie uns an, ob wir nicht bei einer neuen Reportage-Reihe mitmachen wollten. Die Sendung hieß »We are Family« und stellte den Alltag von einigermaßen außergewöhnlichen Familien vor. Ich dachte mir nix weiter dabei und sagte für eine Folge zu. Vielleicht konnte man da einen gewissen Nutzen draus ziehen. Außergewöhnlich waren wir ja!

Die Dreharbeiten fanden in Kitzbühel statt. Schon den ganzen Tag über kam mir die Sache irgendwie komisch vor. Wir mussten manche Szenen doppelt und dreifach probieren! Außerdem hatte einer der Redakteure die glorreiche Idee, für unsere beiden Töchter eine Nanny zu casten, um die Episode so kurios wie möglich wirken zu lassen. Die Folge war, dass drei extra für diesen Anlass engagierte Mädels in unserer Küche herumstanden. Wären insgesamt nicht so viele Leute involviert gewesen, hätte ich den ganzen Kram am liebsten hingeschmissen. So aber blieb ich höflich und machte gute Miene zum nervigen Spiel. Gestunken hat mir diese inszenierte Chose trotzdem.

Beim Abendessen ist das Ganze schließlich eskaliert. Die sogenannten Nannys sollten für Davina und Shania einen Hummer kochen. Dieser Quatsch ging uns dann endgültig einen Schritt zu weit! Ich hatte noch nie zuvor ein Kind gesehen, dem es gefällt, wenn ein lebendes Tier in einen Kochtopf geschmissen wird. Geschweige denn ein Kind, dem ein Hummer überhaupt schmeckt. Also war das Geschrei unserer Kleinen groß, meine Nerven waren runter – und ich schmiss das gesamte Team mehr oder weniger raus.

Erstaunlicherweise haben sie von diesem unsäglichen Tag dann doch irgendwie fünfundzwanzig Minuten Material zusammenbekommen. Das Ergebnis gefiel uns wie erwartet hinten und vorne nicht. Wir konnten aber nicht verhindern, dass die Folge ausgestrahlt wurde. Das Kapitel Fernsehen hakten wir danach aber umgehend wieder für uns ab! Ich brauchte ganz sicher keine Sendezeit in einer Doku-Soap für mein persönliches Wohlergehen.

Parallel zu diesem Reinfall begannen zu dieser Zeit in Deutschland plötzlich Auswanderer-Reportagen aller Art zu boomen. Immer mehr Menschen wurden dabei gefilmt, wie sie in Castrop-Rauxel, Emden oder Garmisch-Partenkirchen ihre Zelte abbrachen und woanders auf dem Globus neu aufbauten. Eines dieser Formate betreute ausgerechnet auch jene kleine Kieler Produktionsfirma namens »Joker Productions«, die bei dem verunglückten Dreh in Kitzbühel involviert gewesen war. Trotz des für alle Beteiligten unbefriedigenden Ergebnisses rief einer der Jungs wieder bei mir an, wenn auch mit einem hörbar schlechten Gewissen.

»Wir machen da eine neue Sendung über spannende Leute, die im Ausland leben«, sagte der Anrufer zu mir. Es war Flo.

»Schön«, sagte ich.

»*Goodbye Deutschland* heißt das Ganze, und Ihr lebt doch schon so lange in Monaco, das wäre echt ideal.«

»Interessiert mich nicht«, antworte ich.

»Wir machen das vollkommen anders als in Kitzbühel. Und es geht auch nur darum, was Ihr dort für einen Alltag habt«, ließ Flo nicht locker.»Ich überleg's mir«, sagte ich und legte auf.

Am Abend besprach ich die Sache mit Carmen. Ehrlich gesagt fand ich die Grundidee wirklich ganz charmant: Menschen zu zeigen, die es geschafft hatten, ihren Traum zu verwirklichen. Unser Beispiel war objektiv gesehen in der Tat nicht ganz unspannend. Am nächsten Tag rief ich zurück.

»Okay, wir machen mit«, sagte ich. »Aber unter einer Bedingung: Wir spielen nicht irgendwelche Rollen, die sich einer für uns ausdenkt. Diesen Mist könnt Ihr knicken! Wir sind einfach so, wie wir sind. Wenn Euch das nicht passt, habt Ihr Pech gehabt!«

»Kein Problem«, sagte Flo. »So machen wir es!«

Es dauerte nicht lang, und er kam mit zwei weiteren Joker-Mitarbeitern zu uns nach Monaco. Was die Drei da so den lieben langen Tag mit uns aufnehmen wollten, wussten sie selber nicht recht. Also drehten sie uns beim Autofahren, Mittagessen und Shoppen. Sogar Carmen beim Blutdruckmessen haben sie gefilmt. Wir ließen uns nicht weiter stören. Wir machten einfach das, was wir sonst auch gemacht hätten.

Wenn denen das gefiel, umso besser. Wenn nicht, war mir das auch egal!

Alles in allem war das Verhältnis zwischen dem Team und uns noch verhältnismäßig distanziert. Vor allem konnte ich mir nicht genau vorstellen, wie das Endergebnis wohl aussehen würde. Wenn sie versuchten, uns in irgendeiner Weise durch den Kakao zu ziehen, dann wäre der Vorhang in unserem Theater ganz schnell wieder unten! Wenigstens war das alles kein großer Aufwand.

Doch offenbar haben wir beim Autofahren, Essen und Blutdruckmessen einen guten Eindruck hinterlassen, denn Joker bat schnell um ein paar weitere Aufnahmen. Das Team quartierte sich wieder für ein paar Tage im Hotel ein und drehte einfach weiter drauflos, was ihnen vor die Linse kam. Als die Jungs dabei das erste Mal unten in der Tiefgarage vor unserem Fuhrpark standen oder in Saint Tropez unsere »Villa Geissini« sahen, staunten sie wie Bauklötze. Ich fand langsam Gefallen daran, ein paar Einblicke in unser turbulentes Dasein zu geben. Peu à peu schmolz das Eis, das sich in Kitzbühel zwischen uns gebildet hatte.

Leider hatten wir für die nächste Zeit schon länger einen Urlaub in Dubai gebucht, weil wir uns ernsthaft mit dem Gedanken trugen, womöglich dauerhaft dorthin zu ziehen. Mich juckte es in den Fingern, was die geschäftlichen Perspektiven dort anging. Außerdem wollten wir die arabische Kultur näher kennenlernen. Darauf hatten Carmen und ich uns schon tierisch gefreut. Fürs Fernsehen würden wir die Reise ganz sicher nicht abblasen. Also kündigte ich an, dass wir erstmal nicht weiterdrehen konnten.

»Wir können vielleicht nicht in Monaco drehen, aber es wäre doch geil, wenn wir Euch in Dubai filmen könnten«, sagte Flo.

Warum nicht, dachte ich. Nehmen wir diese Fernsehleutchen eben mit. Was mir der liebe Flo zu diesem Zeitpunkt gleichwohl nicht dazu sagte war, dass wir im Grunde genommen die komplette Geschichte finanzieren mussten. Die Produktionsfirma hatte praktisch keine Kohle für solche Spirenzchen. Außerdem wusste noch niemand, ob der Sender das ganze Material einkaufen würde. Kurzum: Die Reise für uns und die TV-Truppe kostete ein Vermögen! Aber wir schluckten die Kröte und packten die Jungs kurzerhand mit ein.

Wie gesagt war der vorwiegende Zweck unseres Aufenthaltes eigentlich die Suche nach einer festen Bleibe. Ich hatte keine Ahnung, ob man das einigermaßen spannend gefilmt bekam. Auch die lokale Immobilienmaklerin machte große Augen, als wir mit unserem auffälligen Begleitschutz in Form eines Kamerateams bei ihr auftauchten. Aber sie hatte nichts dagegen.

Zunächst zeigte sie uns ein Objekt auf »The Palm«, einer riesigen künstlichen Insel in Form einer Palme. Als alter Bau-Experte bemerkte ich auf den ersten

Blick, dass die Handwerker bei der Fertigstellung der Häuser ziemlich gepfuscht hatten. Für eine solche Bude würde ich sicher kein gutes Geld ausgeben! Also suchten wir mit der Dame weiter, immer die Crew im Schlepptau. Die verwunderten Blicke von Einheimischen und Touristen gab's als Dreingabe für die Dreharbeiten. Weiter ging's mit einer ansehnlichen Villa im Nobel-Viertel »Emirate Hills«. Das Teil war zwar schön, aber die Nachbarn hätten ihre Füße direkt in meinen Pool hängen können, so eng war das Grundstück bebaut. Also wieder nix. Außerdem wollten die Verkäufer noch knapp sieben Millionen Euro für die Hütte, was meiner Meinung nach völlig überbewertet war. Zum Schluss bekamen wir dann doch noch ein richtiges Highlight zu sehen. Für schlappe achtzehn Millionen Euro hätten wir dreitausend Quadratmeter Wohnfläche bekommen. Das Teil war nun wirklich Endstufe! Da hätte ich einen Kompass gebraucht, um überhaupt vom Wohn- ins Schlafzimmer zu finden. Ein solcher Palast war sogar uns eine Nummer zu groß!

Nach diesen eher ernüchternden Erfahrungen auf dem Immobiliensektor entschlossen wir uns, das Projekt Wüsten-Eroberung noch ein paar Jahre aufzuschieben. Um nach Dubai ziehen zu können, hätten wir ja auch unseren Wohnsitz in Monaco aufgeben müssen. Das wiederum hätte auch bedeutet, unsere Mädels aus ihrer Schule zu nehmen und sie von ihren Freunden zu trennen. Das wollten wir nicht.

Dafür machten wir uns noch ein paar schöne Tage als Touristen, an denen die Kamera einfach mitlief: Ein Araber setzte einen waschechten Falken auf Carmens Arm, ein kleiner Affe trank aus meiner Wasserflasche, ich durfte mit einem Wüstenbuggy kreuz und quer über die Dünen heizen und so weiter. Kurzum: Businessmäßig war der Trip ein Reinfall. Spaß hatten wir dafür jede Menge. Ich begann mir langsam konkret vorzustellen, dass unsere Erlebnisse im Fernsehen ganz gut rüberkommen könnten. Und das, obwohl wir uns vor der Ankunft natürlich so gut wie keine Gedanken darüber gemacht hatten, was wir dort eigentlich anstellen sollten. Aber wir waren drauf und dran, eine ganz neue Mischung aus Reisereportage und Reality Soap zu entwickeln, mit schönen Bildern und ganz viel Spontaneität. Das hatte ich bislang noch nicht gesehen.

Als wir wieder nach Monaco zurückkehrten, hatten unsere Begleiter Material für acht Folgen von *Goodbye Deutschland* zusammen. Gespannt warteten wir auf die Ausstrahlung, die im Laufe der zweiten Jahreshälfte 2010 erfolgen sollte. Natürlich bekamen wir unsere Szenen vorab gezeigt. Es war echt interessant zu sehen, was die noch aus dem ganzen Material gemacht hatten. Das wirkte schon mal professionell!

Als dann die erste Sendung mit unserer Beteiligung lief, war ich jedoch ziemlich enttäuscht. Was mir überhaupt nicht gefiel, waren vor allem die harten Schnitte zwischen den einzelnen Episoden. Direkt nach unseren Geschichten kam zum Beispiel ein Pärchen, das sein Glück auf Mallorca probierte. Sie kellnerte in einem Café, ihr Freund war arbeitslos. Danach folgte eine Frau, die nach Irland ausgewandert war und dort Pferdeställe ausmisten musste. Und zwischendrin zeigten sie immer wieder uns. Das wirkte wie das überkandidelte Kontrastprogramm zu denjenigen, die sehr schlechte Erfahrungen mit der Fremde machten und jeden Euro zwei Mal umdrehen mussten. Die bösen Millionäre wollten wir aber unter keinen Umständen sein! Ich wollte ja keine Neiddebatte auslösen. Sondern einfach ein bisschen Unterhaltung anbieten.

Am selben Abend schrieb ich eine Mail an die Produktionsfirma, in der ich klarstellte, trotz unseres mittlerweile guten Kontaktes auf weitere Folgen zu verzichten. Auch das Feedback auf unsere Auftritte war entsprechend negativ. »Habt Ihr das wirklich nötig?«, war noch einer der netteren Kommentare, die uns aus unserem Umfeld erreichten. Schon kamen die ersten Gerüchte auf, wir hätten keine Kohle mehr und brauchten die Gage, um weiterhin unseren Lebensstandard halten zu können. Dabei hatten wir mit der Nummer ganz sicher kein Geld verdient. Im Gegenteil, es hatte uns noch richtig was gekostet! Na ja, dachte ich – eine Erfahrung mehr im Leben.

Eigentlich war die Nummer rum ums Eck. Nur hatten die Produzenten nach einigen Wochen gemerkt, dass ausgerechnet wir bei den *Goodbye Deutschland*-Zuschauern ganz gut ankamen. Auch erste Presse-Anfragen zu dem Thema lagen inzwischen auf dem Tisch. Also baten uns Flo und seine Joker-Kollegen, unseren Entschluss noch mal zu überdenken.

»Nur mit einer eigenen Sendung«, sagte ich.

»Kriegt ihr!«

»Aber zur Hauptsendezeit, zwischen acht und neun«, schob ich nach. Jetzt war mein Kampfgeist geweckt. Ins Nachtprogramm wollte ich bestimmt nicht abgeschoben werden. Wenn schon, denn schon!

»Wir versuchen es«, sagte er.

Das war vielleicht doch ein bisschen hoch gepokert. Aber: so what? Wenn es nicht klappte, war das auch kein Beinbruch. In den folgenden Wochen tat sich erst mal nix. Kein Sender, den Joker mit dem neuen Konzept anhaute, wollte uns so richtig. Und wenn, dann höchstens als neureiche Millionäre zwischen lauter Hartz IV-Familien. Auf diese Art der Schwarz/Weiß-Dramaturgie konnten wir aber verzichten – und die anderen Beteiligten sicher auch. Dann hätten wir gleich *Goodbye Deutschland* weitermachen können.

Schließlich gelang es den Produzenten, Holger Andersen, den damaligen Programmdirektor von RTL2, von unserem Plan zu überzeugen. Ihm gefiel die Idee, für uns ein ganz neues Format zu kreieren. Er redete so lange auf seinen Boss Jochen Starke ein, bis der Geschäftsführer einwilligte, sechs Folgen von Joker abzukaufen. Der Deal sah vor, dass wir montags um 20.15 Uhr laufen sollten, fünfundvierzig Minuten lang und unter dem Titel *Die Geissens – eine schrecklich glamouröse Familie*. Das klang doch cool.

Nun konnten wir loslegen!

»Ich könnte sagen, mit harter Arbeit bin ich hierhergekommen. Aber das stimmt nicht. Nein, dieses Mal war es der Heli.«

Die Dreharbeiten begannen. Die erste Folge sollte die Suche nach einem Kindermädchen zum Thema haben. Diesmal aber ging es nicht um so einen leidigen Koch-Kram mit Hummer wie ein paar Monate zuvor in Kitzbühel. Wir brauchten seinerzeit tatsächlich mal wieder ein neues Au-pair, das sich ein bisschen um Davina und Shania kümmerte und vor allem Carmen etwas entlastete. Gedreht wurde vorwiegend in Saint Tropez – und zwar unser ganz normaler, ungefilterter Familienalltag.

Ich schimpfte also wie üblich über die Kinder-Fahrräder, die in der Einfahrt herumlagen, ließ mir auf der Terrasse die Haare von einer Friseurin ein bisschen aufhellen und besichtigte die Baustelle von unseren neuesten Objekten, die damals gerade im Rohbau waren. Carmen kümmerte sich derweil um ein neues Kindermädchen und fragte die Bewerberinnen auf Herz und Nieren aus. Natürlich lagen ihre und meine Vorstellungen weit auseinander: Meine

Favoritinnen fand Carmen leider ein bisschen zu offenherzig! Am nächsten Tag gingen wir zum Strand und danach Mittagessen. Mehr war eigentlich gar nicht los. Wir hatten nix gemacht, was wir nicht sonst auch gemacht hätten ...

In diesem Stil hatten wir die ganze Staffel angelegt. Wir wollten nicht, dass alles vorbereitet und choreographiert war. Auch nicht der Besuch in unserer alten Heimat Köln, wo wir zuletzt vor zwei Jahren gewesen waren. Ich musste da nicht hin. Es war natürlich Carmen, die unbedingt eine Reise in die Vergangenheit unternehmen wollte. Mir ging das Winterwetter im Rheinland bereits am Flughafen auf den Sack! Es schüttete wie aus Kübeln und war kalt. Das bewies mir nur einmal mehr, wie richtig der Schritt damals mit der Wohnung in Monaco und dem Haus in St. Paul war.

Carmens Plan war, gemeinsam zurück zu unseren Wurzeln zu reisen. Wir besichtigten den Dom und gingen zu unserem Stammitaliener. Wir schauten sogar in der Ehrenstraße 98 vorbei. Dort befand sich ja einst unser Laden, den Carmen eine Zeitlang führte. Als wir dann noch zu unserer ersten gemeinsamen Wohnung und zu meiner alten Schule fuhren, wurde es mir langsam zu viel. Wir lebten jetzt ein neues Leben. Und das war gut so! Für Sentimentalitäten hatte ich noch nie etwas übrig.

Zu allem Überfluss kam dann noch die Nummer mit Jürgen Drews dazu. Der »König von Mallorca«

wollte unbedingt ein Duett mit Carmen aufnehmen. Auch das sollte in Köln stattfinden. Klar, dass die Fernsehleute ganz heiß auf diese Sache waren. Mir dagegen war das gar nicht recht. Es kam dann auch genauso, wie es kommen musste: Die Frau traf die Töne nicht, Onkel Jürgen baggerte sie dafür vor meinen Augen an. Aber ich bemerkte, dass diese CD für Carmen eine große Sache war. Ab und zu muss man eben auch gönnen können. Zumindest hatten wir in unserer Premieren-Staffel so noch einen kleinen Akzent gesetzt!

Als alles im Kasten war, standen wir vor einer großen Ungewissheit. Wir alle hatten keine Ahnung, ob diese bis dahin im Grunde noch nie dagewesene Mischung aus unseren ganz realen Erlebnissen und ein paar spontanen Sprüchen überhaupt funktionieren würde. Die fleißigen Joker-Leute hatten auf jeden Fall die bestellten sechs Episoden bei RTL2 abgeliefert und sogar noch einen gut einstündigen siebten Teil als »Bonus« in der Hinterhand, falls das Ding funktionieren würde – mit Carmens legendärem Auftritt bei den Après-Ski-Hits in St. Anton als Höhepunkt.

Die erste Folge lief am 3. Januar 2011 und hieß »Eine Millionärsfamilie auf Nanny-Suche«. Als wir uns das erste Mal mit unserem eigenem Vorspann im Fernsehen sahen, und das noch zur besten Sendezeit, die das deutsche Fernsehen zu bieten hat, wären wir vor Lachen beinahe abgebrochen. Das hätte ich mir auch nicht träumen lassen, als ich vor dreißig Jahren bei meinem Vater in die Lehre ging.

Dienstag Früh sollten die Quoten kommen. Ich war verhältnismäßig entspannt, aber bei Joker in Kiel waren sie wahrscheinlich schon halbtot vor Aufregung. Einen Flop wollte ich natürlich auch nicht produzieren. Aber meine Existenz hing ganz sicher nicht von der Nummer hier ab. Doch RTL2 war nicht zuletzt aufgrund der Überzeugungskraft unserer Produzenten für die »Geissens« ganz schön in die Vollen gegangen. Wenn der Schuss nach hinten losging, würden Flo, Pat und Co. dort wahrscheinlich keinen Stich mehr machen.

Na ja: Ihr wisst, wie es ausgegangen ist. Wir hatten mit unserer allerersten eigenen Folge knapp eineinhalb Millionen Zuschauer! Das war ohne Übertreibung eine echte Sensation – und es lag deutlich über dem Senderdurchschnitt! Inzwischen sind über fünfzig Folgen unserer Serie gelaufen und etliche weitere schon abgedreht. Ich weiß nicht, wie es Euch dabei geht. Aber wir sitzen immer noch jeden Montag vor der Glotze und lachen uns über uns selber kaputt. Das ist ein gutes Zeichen, finde ich.

Ganz ehrlich: Ich wollte nie ins Fernsehen! Unser Leben, von dem wir Euch hier berichtet haben, war schön so wie es war. Vor allem aber – das ist die Hauptsache – war es nicht anders! Wir saßen auf unserer Dachterrasse in Monaco beim Frühstück und sind mit

dem Heli nach Saint Tropez gedüst. Wir haben in Kitzbühel geile Partys gefeiert und sind mit unserem Boot
übers Mittelmeer gecruised. Carmen hat mich genervt
mit ihrem Schuh- und Friseur-Tick und ich sie mit meinen Vorbehalten gegenüber Flugzeugen und meiner
Vorliebe für schnelle Autos. Nur eben ohne Kameras.

Dass sich das Ganze in den letzten drei Jahren derart krass entwickelt hat, konnte niemand absehen.
Auch ich nicht. Eins war mir aber von Anfang an klar:
Niemals würden wir irgendeinen Klimbim mitmachen von wegen Drehbuch oder so. Ab dem Moment,
ab dem uns ein Autor unsere Dialoge aufschreibt
oder die Produktionsfirma unseren Alltag diktiert,
wären wir nicht mehr die Geissens. Sondern irgendwelche TV-Marionetten, von denen es ganz sicher
schon ausreichend gibt.

***

Mein letzter Rat an Euch ist also einfach der, immer
authentisch zu bleiben! Kaum etwas ist ätzender als
Dinge zu tun, die einem von anderen aufs Auge
gedrückt werden. Wer kein Problem damit hat, sein
Rückgrat zu verbiegen, der kann ja meinetwegen in
die Politik gehen. Aber irgendwelchen Hanseln nach
dem Mund zu reden hat ganz sicher noch niemanden
zum Millionär gemacht. Vielleicht gibt's dafür ab und
zu auch mal eins auf die Schnauze. Aber am Ende
wird sich Geradlinigkeit auszahlen.

Wie lange Ihr uns noch so sehen wollt, wie wir nun eben mal sind, kann ich natürlich nicht vorhersagen. Es wäre schön, wenn wir Euch noch auf ein paar unserer Abenteuer mitnehmen könnten! Einige Ideen dazu habe ich auf jeden Fall schon im Kopf. Eins kann ich Euch aber auf jeden Fall versprechen: Wenn uns mal nix Neues mehr einfallen sollte, dann hören wir sofort auf!

Bis dahin ist aber hoffentlich noch etwas Zeit. Und wer weiß: Vielleicht klappt's ja auch bei Euch mit dem Reichwerden. Wenn Ihr den einen oder anderen Tipp von uns beherzigt, den richtigen Riecher für gute Geschäfte habt und natürlich ein bisschen Glück, sieht man sich vielleicht hier unten im sonnigen Monaco. Kann ich jedenfalls nur empfehlen!

Bildnachweis

Alle Fotos stammen aus dem Privatarchiv der Familie Geiss; bis auf:

Erster Bildteil: S. 2 oben: API / © Michael Tinnefeld

Dritter Bildteil: S. 1 oben: © picture alliance / dpa / David Ebner, unten: © Joker Productions; S. 2: © Joker Productions; S. 3 oben: © Joker Productions, unten: © www.kiki-beelitz.de; S. 4 & 5 : © Joker Productions; S. 6 großes Foto oben: API / © Michael Tinnefeld, unten: © BrauerPhotos / Dominik Beckmann